SOLIDWORKS® 公司官方指定培训教程
CSWP 全球专业认证考试培训教程

$\mathcal{B}$ **SOLID**WORKS

U0150412

官方指定

SOLIDWORKS®
Motion运动仿真教程
（2020版）

[法] DS SOLIDWORKS®公司 著

胡其登 戴瑞华 主编

杭州新迪数字工程系统有限公司 编译

机械工业出版社
CHINA MACHINE PRESS

《SOLIDWORKS® Motion 运动仿真教程（2020版）》是根据 DS SOLID-WORKS®公司发布的《SOLIDWORKS® 2020：SOLIDWORKS Motion》编译而成的，是使用 SOLIDWORKS Motion 对 SOLIDWORKS 装配体模型进行运动和动力学分析的入门培训教程。本教程提供了基本的运动和动力学分析求解方法，在介绍软件使用方法的同时，对相关理论知识也进行了讲解。本教程提供练习文件下载，详见"本书使用说明"。本教程提供高清语音教学视频，扫描书中二维码即可免费观看。

　　本教程在保留英文原版教程精华和风格的基础上，按照中国读者的阅读习惯进行了编译，配套教学资料齐全，适于企业工程设计人员和大专院校、职业院校相关专业的师生使用。

　　北京市版权局著作权合同登记 图字：01-2020-3369 号。

图书在版编目（CIP）数据

SOLIDWORKS® Motion 运动仿真教程：2020 版/法国
DS SOLIDWORKS®公司著；胡其登，戴瑞华主编. —北京：
机械工业出版社，2020.6（2023.8 重印）
SOLIDWORKS®公司官方指定培训教程　CSWP 全球专业
认证考试培训教程
　ISBN 978-7-111-65952-5

　Ⅰ.①S⋯　Ⅱ.①法⋯②胡⋯③戴⋯　Ⅲ.①机械设计-
计算机仿真-应用软件-技术培训-教材　Ⅳ.TH122

中国版本图书馆 CIP 数据核字（2020）第 109938 号

机械工业出版社（北京市百万庄大街 22 号　邮政编码 100037）
策划编辑：张雁茹　　　　　责任编辑：张雁茹
责任校对：刘丽华　李锦莉　封面设计：陈　沛
责任印制：常天培
北京机工印刷厂有限公司印刷
2023 年 8 月第 1 版·第 4 次印刷
184mm×260mm·14 印张·382 千字
标准书号：ISBN 978-7-111-65952-5
定价：59.80 元

电话服务　　　　　　　　网络服务
客服电话：010-88361066　机　工　官　网：www.cmpbook.com
　　　　　010-88379833　机　工　官　博：weibo.com/cmp1952
　　　　　010-68326294　金　书　网：www.golden-book.com
封底无防伪标均为盗版　机工教育服务网：www.cmpedu.com

序

尊敬的中国 SOLIDWORKS 用户：

DS SOLIDWORKS® 公司很高兴为您提供这套最新的 SOLIDWORKS® 中文版官方指定培训教程。我们对中国市场有着长期的承诺，自从 1996 年以来，我们就一直保持与北美地区同步发布 SOLIDWORKS 3D 设计软件的每一个中文版本。

我们感觉到 DS SOLIDWORKS® 公司与中国用户之间有着一种特殊的关系，因此也有着一份特殊的责任。这种关系是基于我们共同的价值观——创造性、创新性、卓越的技术，以及世界级的竞争能力。这些价值观一部分是由公司的共同创始人之一李向荣（Tommy Li）所建立的。李向荣是一位华裔工程师，他在定义并实施我们公司的关键性突破技术以及在指导我们的组织开发方面起到了很大的作用。

作为一家软件公司，DS SOLIDWORKS® 致力于带给用户世界一流水平的 3D 解决方案（包括设计、分析、产品数据管理、文档出版与发布），以帮助设计师和工程师开发出更好的产品。我们很荣幸地看到中国用户的数量在不断增长，大量杰出的工程师每天使用我们的软件来开发高质量、有竞争力的产品。

目前，中国正在经历一个迅猛发展的时期，从制造服务型经济转向创新驱动型经济。为了继续取得成功，中国需要相配套的软件工具。

SOLIDWORKS® 2020 是我们最新版本的软件，它在产品设计过程自动化及改进产品质量方面又提高了一步。该版本提供了许多新的功能和更多提高生产率的工具，可帮助机械设计师和工程师开发出更好的产品。

现在，我们提供了这套中文版官方指定培训教程，体现出我们对中国用户长期持续的承诺。这套教程可以有效地帮助您把 SOLIDWORKS® 2020 软件在驱动设计创新和工程技术应用方面的强大威力全部释放出来。

我们为 SOLIDWORKS 能够帮助提升中国的产品设计和开发水平而感到自豪。现在您拥有了功能丰富的软件工具以及配套教程，我们期待看到您用这些工具开发出创新的产品。

Gian Paolo Bassi

DS SOLIDWORKS® 公司首席执行官

2020 年 3 月

胡其登　现任 DS SOLIDWORKS®公司大中国区技术总监

胡其登先生毕业于北京航空航天大学，先后获得"计算机辅助设计与制造（CAD/CAM）"专业工学学士、工学硕士学位，毕业后一直从事 3D CAD/CAM/PDM/PLM 技术的研究与实践、软件开发、企业技术培训与支持、制造业企业信息化的深化应用与推广等工作，经验丰富，先后发表技术文章 20 余篇。在引进并消化吸收新技术的同时，注重理论与企业实际相结合。在给数以百计的企业进行技术交流、方案推介和顾问咨询等工作的过程中，对如何将 3D 技术成功应用到中国制造业企业的问题，形成了自己的独到见解，总结出了推广企业信息化与数字化的最佳实践方法，帮助众多企业从 2D 平滑地过渡到了 3D，并为企业推荐和引进了 PDM/PLM 管理平台。作为系统实施的专家与顾问，以自身的理论与实践的知识体系，帮助企业成为 3D 数字化企业。

胡其登先生作为中国最早使用 SOLIDWORKS 软件的工程师，酷爱 3D 技术，先后为 SOLIDWORKS 社群培训培养了数以百计的工程师。目前负责 SOLIDWORKS 解决方案在大中国区全渠道的技术培训、支持、实施、服务及推广等全面技术工作。

前言

　　DS SOLIDWORKS®公司是一家专业从事三维机械设计、工程分析、产品数据管理软件研发和销售的国际性公司。SOLIDWORKS 软件以其优异的性能、易用性和创新性，极大地提高了机械设计工程师的设计效率和质量，目前已成为主流 3D CAD 软件市场的标准，在全球拥有超过 600 万的用户。DS SOLIDWORKS®公司的宗旨是：to help customers design better products and be more successful——让您的设计更精彩。

　　"SOLIDWORKS®公司官方指定培训教程"是根据 DS SOLIDWORKS®公司最新发布的 SOLIDWORKS® 2020 软件的配套英文版培训教程编译而成的，也是 CSWP 全球专业认证考试培训教程。本套教程是 DS SOLIDWORKS®公司唯一正式授权在中国大陆出版的官方指定培训教程，也是迄今为止出版的最为完整的 SOLIDWORKS®公司官方指定培训教程。

　　本套教程详细介绍了 SOLIDWORKS® 2020 软件和 Simulation 软件的功能，以及使用该软件进行三维产品设计、工程分析的方法、思路、技巧和步骤。值得一提的是，SOLIDWORKS® 2020 软件不仅在功能上进行了 400 多项改进，更加突出的是它在技术上的巨大进步与创新，从而可以更好地满足工程师的设计需求，带给新老用户更大的实惠！

　　《SOLIDWORKS® Motion 运动仿真教程（2020版）》是根据 DS SOLIDWORKS®公司发布的《SOLIDWORKS® 2020：SOLIDWORKS Motion》编译而成的，是使用 SOLIDWORKS Motion 对 SOLIDWORKS 装配体模型进行运动和动力学分析的入门培训教程。

戴瑞华　现任 DS SOLIDWORKS®公司大中国区 CAD 事业部高级技术经理

戴瑞华先生拥有 25 年以上机械行业从业经验，曾服务于多家企业，主要负责设备、产品、模具以及工装夹具的开发和设计。其本人酷爱 3D CAD 技术，从 2001 年开始接触三维设计软件，并成为主流 3D CAD SOLIDWORKS 的软件应用工程师，先后为企业和 SOLIDWORKS 社群培训了成百上千的工程师。同时，他利用自己多年的企业研发设计经验，总结出了在中国的制造业企业应用 3D CAD 技术的最佳实践方法，为企业的信息化与数字化建设奠定了扎实的基础。

戴瑞华先生于 2005 年 3 月加入 DS SOLIDWORKS®公司，负责 SOLIDWORKS 解决方案在大中国区的技术培训、支持、实施、服务及推广等，实践经验丰富。其本人一直倡导企业构建以三维模型为中心的面向创新的研发设计管理平台、实现并普及数字化设计与数字化制造，为中国企业最终走向智能设计与智能制造进行着不懈的努力与奋斗。

本套教程在保留了英文原版教程精华和风格的基础上，按照中国读者的阅读习惯进行编译，使其变得直观、通俗，让初学者易上手，让高手的设计效率和质量更上一层楼！

本套教程由 DS SOLIDWORKS®公司大中国区技术总监胡其登先生和 CAD 事业部高级技术经理戴瑞华先生共同担任主编，由杭州新迪数字工程系统有限公司副总经理陈志杨负责审校。承担编译、校对和录入工作的有钟序人、唐伟、李鹏、叶伟等杭州新迪数字工程系统有限公司的技术人员。杭州新迪数字工程系统有限公司是 DS SOLIDWORKS®公司的密切合作伙伴，拥有一支完整的软件研发队伍和技术支持队伍，长期承担着 SOLIDWORKS 核心软件研发、客户技术支持、培训教程编译等方面的工作。本教程的操作视频由 SOLIDWORKS 高级咨询顾问赵罘制作。在此，对参与本套教程编译和视频制作的工作人员表示诚挚的感谢。

由于时间仓促，书中难免存在疏漏和不足之处，恳请广大读者批评指正。

胡其登　戴瑞华
2020 年 3 月

本书使用说明

关于本书

本书的目的是让读者学习如何使用 SOLIDWORKS 软件的多种高级功能，着重介绍了使用 SOLIDWORKS 软件进行高级设计的技巧和相关技术。

SOLIDWORKS® 2020 是一个功能强大的机械设计软件，而书中章节有限，不可能覆盖软件的每一个细节和各个方面，所以，本书将重点给读者讲解应用 SOLIDWORKS® 2020 进行工作所必需的基本技能和主要概念。本书作为在线帮助系统的一个有益补充，不可能完全替代软件自带的在线帮助系统。读者在对 SOLIDWORKS® 2020 软件的基本使用技能有了较好的了解之后，就能够参考在线帮助系统获得其他常用命令的信息，进而提高应用水平。

前提条件

读者在学习本书之前，应该具备如下经验：

- 机械设计经验。
- 使用 Windows 操作系统的经验。
- 已经学习了 SOLIDWORKS Motion 在线指导教程。

编写原则

本书是基于过程或任务的方法而设计的培训教程，并不专注于介绍单项特征和软件功能。本书强调的是完成一项特定任务所应遵循的过程和步骤。通过对每一个应用实例的学习来演示这些过程和步骤，读者将学会为了完成一项特定的设计任务应采取的方法，以及所需要的命令、选项和菜单。

知识卡片

除了每章的研究实例和练习外，书中还提供了可供读者参考的"知识卡片"。这些"知识卡片"提供了软件使用工具的简单介绍和操作方法，可供读者随时查阅。

使用方法

本书的目的是希望读者在有 SOLIDWORKS 使用经验的教师指导下，在培训课中进行学习；希望读者通过"教师现场演示本书所提供的实例，学生跟着练习"的交互式学习方法，掌握软件的功能。

读者可以使用练习题来应用和练习书中讲解的或教师演示的内容。本书设计的练习题代表了典型的设计和建模情况，读者完全能够在课堂上完成。应该注意到，人们的学习速度是不同的，因此，书中所列出的练习题比一般读者能在课堂上完成的要多，这确保了学习能力强的读者也有练习可做。

标准、名词术语及单位

SOLIDWORKS 软件支持多种标准，如中国国家标准（GB）、美国国家标准（ANSI）、国际标准（ISO）、德国国家标准（DIN）和日本国家标准（JIS）。本书中的例子和练习基本上采用了中国国家标准（除个别为体现软件多样性的选项外）。为与软件保持一致，本书中一些名词术语和计量单位未与中国国家标准保持一致，请读者使用时注意。

练习文件下载方式

读者可以从网络平台下载本教程的练习文件，具体方法是：微信扫描右侧或封底的"机械工人之家"微信公众号，关注后输入"2020MT"即可获取下载地址。

机械工人之家

视频观看方式

扫描书中二维码可在线观看视频，二维码位于章节之中的"操作步骤"处。可使用手机或平板电脑扫码观看，也可复制手机或平板电脑扫码后的链接到计算机的浏览器中，用浏览器观看。

Windows 操作系统

本书所用的屏幕图片是 SOLIDWORKS® 2020 运行在 Windows® 7 或 Windows® 10 时制作的。

格式约定

本书使用下表所列的格式约定：

约　定	含　义	约　定	含　义
【插入】/【凸台】	表示 SOLIDWORKS 软件命令和选项。例如，【插入】/【凸台】表示从菜单【插入】中选择【凸台】命令	⚠️ 注意	软件使用时应注意的问题
提示 👆	要点提示	操作步骤 步骤1 步骤2 步骤3	表示课程中实例设计过程的各个步骤
技巧 🔑	软件使用技巧		

色彩问题

SOLIDWORKS® 2020 英文原版教程是采用彩色印刷的，而我们出版的中文版教程则采用黑白印刷，所以本书对英文原版教程中出现的颜色信息做了一定的调整，尽可能地方便读者理解书中的内容。

更多 SOLIDWORKS 培训资源

my. solidworks. com 提供了更多的 SOLIDWORKS 内容和服务，用户可以在任何时间、任何地点，使用任何设备查看。用户也可以访问 my. solidworks. com/training，按照自己的计划和节奏来学习，以提高使用 SOLIDWORKS 的技能。

用户组网络

SOLIDWORKS 用户组网络（SWUGN）有很多功能。通过访问 swugn. org，用户可以参加当地的会议，了解 SOLIDWORKS 相关工程技术主题的演讲以及更多的 SOLIDWORKS 产品，或者与其他用户通过网络进行交流。

目　　录

绪　　论

0.1　SOLIDWORKS Motion 概述

SOLIDWORKS Motion 是一个虚拟原型机仿真工具。借助工业动态仿真分析软件 ADAMS 的强力支持，SOLIDWORKS Motion 能够帮助设计人员在设计前期判断设计是否能达到预期目标。通过学习有效使用用户界面各个选项的方法，设计人员将能够解决最复杂的机构问题。

机构是实现运动传递和力的转换的机械装置。运动仿真利用的是计算机模拟机构的运动学状态和动力学状态。机械系统的运动主要由下列要素决定：

- 各连接件的配合。
- 部件的质量和惯性属性。
- 受力。
- 动力源（电动机或促动器）。
- 时间。

0.2　基本知识

（1）质量与惯性　惯性定律是经典物理学基本定律之一，它描述了力与运动的关系。现在，惯性的概念通常用牛顿第一定律描述：任何物体都要保持匀速直线运动或静止状态，直到外力迫使它改变运动状态为止。

在动力学和运动学系统的仿真过程中，质量和惯性有非常重要的作用，几乎所有的仿真过程都需要真实的质量和惯性数据。

（2）自由度　一个不被约束的刚性物体在空间坐标系中具有 6 个自由度：3 个平移自由度和 3 个转动自由度。如图 0-1 所示，该物体能够沿 X、Y 和 Z 轴移动，并能绕 X、Y 和 Z 轴转动。

（3）约束自由度　减少自由度将限制构件在特定自由度上的运动，这种限制称为约束。如图 0-2 所示，配合连接两个构件，并限制两个构件之间的相对运动。

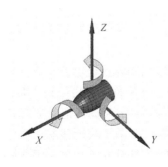

图 0-1　自由度

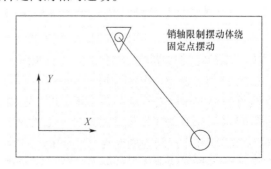

销轴限制摆动体绕固定点摆动

图 0-2　约束自由度

（4）运动分析　欧拉方程说明了一个刚性物体的三维运动规律，它由两个方程组成：第一个方程是牛顿第二定律，它描述了施加在物体上外力的总和等于线动量 p 的变化率，即 $\sum F = \dfrac{\mathrm{d}p}{\mathrm{d}t}$。对质量不发生改变的物体，方程式的右侧可以简化成更为大家所熟知的质量乘以加速度形式，即 $\sum F = ma$。第二个方程说明刚体上外力围绕质心产生的力矩之和等于刚体角动量 H 的变化率，即 $\sum M = \dfrac{\mathrm{d}H}{\mathrm{d}t}$。

（5）运动分析步骤　在每个时间步长中，程序使用改进的 Newton-Raphson 迭代法进行求解。通过非常小的时间步长，根据零件的初始状态或前一时间步长的结果，软件可以预测下一时间步长内零件的状态，但求解时必须已知以下要素：

- 构件速度。
- 连接构件的配合。
- 力和加速度。

运算结果不断迭代，直到在该时间步长内力和加速度的值满足预定的精确度，如图 0-3 所示。

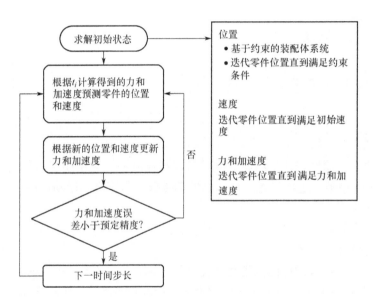

图 0-3　分析步骤

0.3　SOLIDWORKS Motion 机构设置基本知识

下面讲解 SOLIDWORKS Motion 如何处理零件和子装配体，以及当受到外力（例如重力或单独的力）或指定的运动时，配合是如何直接定义机构运动的。

（1）刚体　在 SOLIDWORKS Motion 中，所有构件被看作理想刚体，这也意味着在仿真过程中，构件内部和构件之间都不会出现变形。刚性物体可以是单一零部件，也可以是子装配体。

SOLIDWORKS 的子装配体有刚性和柔性两种状态。一个刚性的子装配体意味着构成子装配体的各个零部件相互间为刚性连接（焊接），如同一个单一零件。如果子装配体状态为柔性，这并不意味着子装配体中的零件是柔软的，而是说在 SOLIDWORKS Motion 中认为子装配体根层次的零件是相互独立的。这些零件间的约束（子装配体层次的 SOLIDWORKS 配合）自动映射为 SOLIDWORKS Motion 中的机构约束。

（2）固定零件　一个刚性物体可以是固定零件，也可以是浮动（运动）零件。固定零件是绝对静止的，每个固定的刚体自由度为零。在其他刚体运动时，固定零件作为这些刚体的参考坐标系统。

当创建一个新的机构并映射装配体约束时，SOLIDWORKS 中固定的零部件会自动转换为固定零件。

（3）浮动零件　零件被定义为机构中的运动部件，每个运动部件有 6 个自由度。当创建一个新的机构并映射装配体约束时，SOLIDWORKS 装配体中的浮动部件会自动转换为浮动零件。

（4）配合　SOLIDWORKS 配合定义了刚性物体是如何连接以及如何做相对运动的，配合将移除所连接零件的自由度。在两个刚体间添加配合时，将移除刚体之间的自由度，如同轴心配合，不管机构的运动和作用力状况如何，两刚体的相对位置是不变的。

（5）马达[⊖]　马达可以控制零件在一段时间内的运动状况，它规定了零件的位移、速度和加速度作为时间的函数。

（6）引力　当零件的质量对仿真运动（如自由落体）有影响时，引力是一个重要的参数。在 SOLIDWORKS Motion 中，引力包含两个部分：

- 引力矢量的方向。
- 引力加速度的大小。

在【引力】PropertyManager 中可以设定引力矢量的方向和大小。在 PropertyManager 中输入 X、Y 和 Z 的值可以指定引力矢量。引力矢量的长度对引力的大小没有影响。引力矢量的默认值为 $(0,-1,0)$，加速度大小为 $9.81 \mathrm{m/s^2}$（或者为当前激活单位的等效值）。

（7）约束映射　约束映射是指在 SOLIDWORKS 中零件之间的配合（约束）会自动映射为 SOLIDWORKS Motion 中的连接，这也是 SOLIDWORKS Motion 节约运动分析时间的主要原因之一。SOLIDWORKS 中有 100 多种配合或约束零件的方式。

（8）力　当在 SOLIDWORKS Motion 中定义各种力时，必须指定位置和方向。这些位置和方向源自所选择的 SOLIDWORKS 实体，实体可以是草图点、顶点、边或曲面。

0.4　总结

以上对 SOLIDWORKS Motion 运动仿真的简短介绍，仅是为后续课程的学习所做的铺垫。在后续章节中，会偶尔脱离软件的范畴，去讨论一些相关的运动仿真基本原理。

⊖　即指动力源，可以是电动机等。

第1章 运动仿真及力

学习目标
- 使用装配体运动生成千斤顶装配体运动的动画
- 使用 SOLIDWORKS Motion 模拟千斤顶的物理性能,确定起升汽车所需的力矩

1.1 基本运动分析

本课程中,将使用 SOLIDWORKS Motion 进行一次基本的运动分析,以仿真千斤顶上的汽车重力,并确定起升汽车所需的力矩。千斤顶模型如图 1-1 所示。工程师可以利用这些信息选择合适的电动马达来驱动千斤顶。

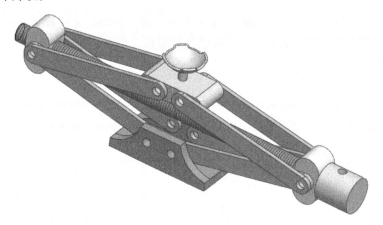

图 1-1 千斤顶模型

1.2 实例:千斤顶分析

千斤顶是一种升举重物的机构。可以利用千斤顶抬起一辆汽车,并对汽车进行维护。千斤顶液压机构液压的压力越大,便可以在更远的距离上提供更大的升力。这些千斤顶一般按最大提升能力划分等级(例如 1.5t 或 3t)。

因为这是第一次进行运动分析,本项目将不使用任何接触,并在配合的辅助下防止千斤顶倾斜。

1.2.1 问题描述

以 100r/min 的速度驱动千斤顶,使其承受 8900N 的力,用于模拟车辆的重力。确定千斤顶在运动范围内提升至负载所需的力矩和功率。

1.2.2　关键步骤

- 生成运动算例：新建一个运动算例。
- 添加旋转马达：旋转马达用于驱动千斤顶。
- 添加引力：添加标准重力，确保千斤顶零部件的重量也被计算在内。
- 添加汽车的重力：汽车的重力将作为向下的力添加到支撑座"Support"上。
- 计算运动：系统默认的分析将持续5s，但此处将延长该时间，以使千斤顶可以完全展开。
- 图解显示结果：生成多个图解来显示所需的力矩和功率。

5

操作步骤

步骤1　确保勾选了"SOLIDWORKS Motion"插件　在【工具】/【插件】内，确保勾选了"SOLIDWORKS Motion"插件，如图1-2所示，单击【确定】。

扫码看视频

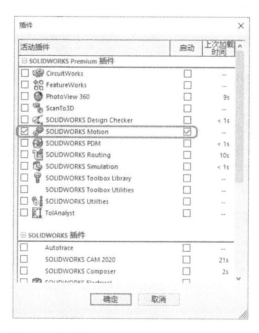

图1-2　勾选"SOLIDWORKS Motion"插件

步骤2　打开装配体文件　从文件夹"Lesson01\Case Study\Car Jack"内打开装配体文件"Car_Jack"。

步骤3　设置文档单位　SOLIDWORKS Motion使用SOLIDWORKS文档中的文档单位设置。单击【工具】/【选项】/【文档属性】/【单位】，在【单位系统】中选择【MMGS（毫米、克、秒）】。此处将设置长度单位为【毫米】，力的单位为【牛顿】，如图1-3所示。单击【确定】。

步骤4　切换到运动算例页面　切换至【Motion Study 1】选项卡。如果该选项卡没有显示，请勾选【视图】/【用户界面】/【MotionManager】，如图1-4所示。

6

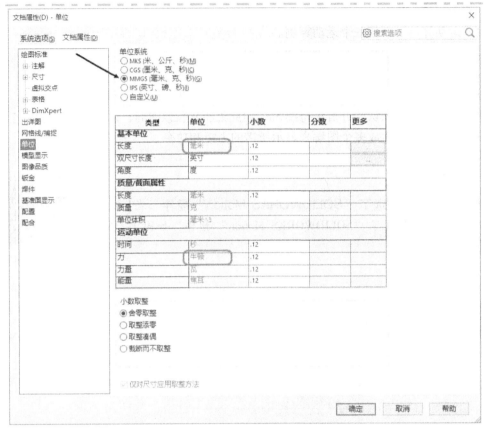

图 1-3　设置单位

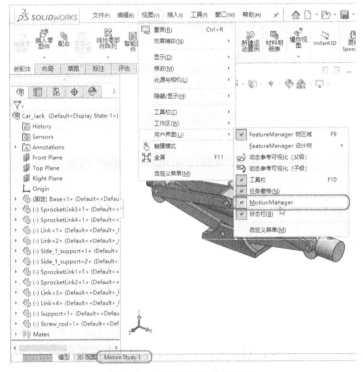

图 1-4　切换到运动算例页面

步骤5 激活运动算例类型 从可选类型中选择【Motion 分析】，如图 1-5 所示。【动画】用于创建以说明为目的的动画。【基本运动】用于创建对模型应用质量、引力和碰撞的动画。Motion 分析是一个完整、严格的刚体模拟环境，用于获取精确的物理数据和动画。

图 1-5 运动算例类型

1.2.3 驱动运动

运动可以通过引力、弹簧、力或马达来驱动。每一种都包含可以被调控的不同特性。

知识卡片	马达	马达可以创建线性、旋转或与路径相关的运动，也可以用于阻碍运动。可以通过不同的方法定义此运动。 • 等速：马达将以恒定的速度进行驱动。 • 距离：马达将移动一个固定的距离或角度。 • 振荡：振荡运动是指在特定频率下以特定距离往复运动。 • 线段：运动轨迹由最常用的函数进行构建，如线性、多项式、半正弦或其他。 • 数据点：由一组表格数值进行驱动的内插值运动。 • 表达式：通过已有变量和常量创建的函数进行驱动的运动。 • 伺服马达：该马达用于对基于事件触发的运动实施控制动作。
	操作方法	• MotionManager 工具栏：单击【马达】。

步骤6 生成一个以 100r/min 的速度驱动"Screw_rod"的马达 单击【马达】，在【马达类型】中选择【旋转马达】。在【零部件/方向】中选择零件"Screw_rod"的圆柱面，【马达方向】中将自动添加相同的面以指定方向。单击【反向】按钮以重新定向马达，将【要相对此项而移动的零部件】区域保留为空，这可以确保相对于全局坐标系指定马达方向。在【运动】内选择【等速】，然后输入"100RPM"，如图 1-6 所示。

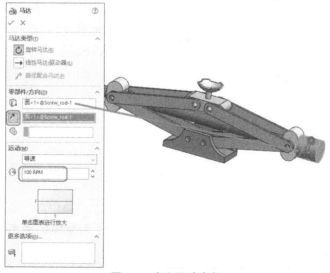

图 1-6 定义马达参数

8

> ⚠️ **注意** 确保马达的方向与图中显示的方向保持一致。

单击 PropertyManager 中的图表，查看放大的结果，如图 1-7 所示。

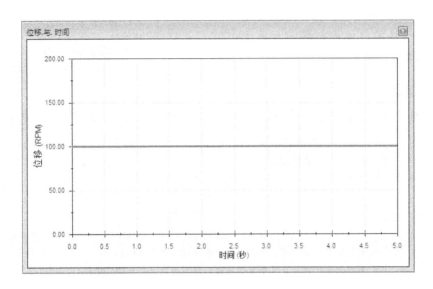

图 1-7 放大的结果

关闭图表，单击【确定】✔。

1.2.4 引力

用户可以在【引力】PropertyManager 中指定引力矢量的方向和大小。可以通过选择 X、Y、Z 方向，或指定参考基准面来定义引力矢量，而加速度的大小必须单独输入。引力矢量的默认值是 Y 方向和 9806.65mm/s² 的大小（或在当前单位下的等效数值）。

> **步骤 7 对装配体加载引力** 单击【引力】，在【引力参数】的方向参考中选择【Y】。在数字引力值中输入数值 9806.65mm/s²，如图 1-8 所示。单击【确定】✔。

图 1-8 定义引力

1.3 力

力要素(包含力和力矩)用于影响运动模型中的零件和子装配体的动态行为，通常会体现出作用在分析装配体上的一些外部效应。

力可能会阻止或引发运动，用户可以使用类似于定义马达时使用的函数(常量、步进、表达式或向内插值)来定义力。SOLIDWORKS Motion 中的力可以划分为两种基本类型:

1. 只有作用力　单独施加的力或力矩体现的是加载到零件或装配体上的外部对象和载荷的效果。加载到千斤顶上的车辆重力或作用在车身上的空气阻力，都是"只有作用力"的示例，如图 1-9 所示。

2. 作用力和反作用力　一对力或力矩，包含作用力和相应的反作用力。最典型的示例是弹簧的弹力，因为弹簧两端的力作用在同一条直线上。另一个示例是将自己的双手推动物体的两个相对部分，这样便可以在运动分析中通过作用在同一条直线上的一对方向相反且大小相等的力（即作用力和反作用力）来表示人的作用。

图 1-9　只有作用力

9

1.3.1　外加力

力可以定义零件的载荷或符合性，SOLIDWORKS Motion 提供了多种类型的力。

外加力是指在零件的特定位置定义的载荷力。用户必须通过指定一个恒定力数值或一个函数表达式来提供对力行为的解释。SOLIDWORKS Motion 中可用的外加力为：外加力、外加力矩、作用力/反作用力和作用力矩/反作用力矩。

【只有作用力】的方向可以是固定的，也可以相对于机构中任何零件的方向进行固定。外加力可用于模拟制动器、火箭、气动载荷等。

1.3.2　力的定义

要定义力，则必须指定以下要素：

- 力作用的零件或零件组。
- 力的作用点。
- 力的大小及方向。

知识卡片	力	• MotionManager 工具栏：单击【力】↖。

1.3.3　力的方向

力的方向基于用户在【力的方向】中指定的参考零部件，如图 1-10 所示。下面通过三种情况讲解力的方向是如何随着所选参考零部件的变化而发生变化的。

（1）情况 1　基于固定零部件的力的方向，如果在【力的方向】中选择了固定零部件，则力的初始方向将在整个仿真过程中保持不变，如图 1-11 所示。

（2）情况 2　基于所选移动零部件（用户想添加作用力的零部件）的力的方向，如果将施加了力的零部件用作参考基准，则在整个仿真时间内，力的方向与该零部件的相对方向保持不变（也就是说，与用于定义方向的实体上的几何体保持对齐关系），如图 1-12 所示。

图 1-10　力的方向

（3）情况 3　基于所选移动零部件（用户不想添加作用力的零部件）的力的方向，如果将另一个移动的零部件用作参考基准，则力的方向将根据参考实体相对于运动实体的相对方向而变化。这种情况很难直观地看到。但如果用户将力施加到保持在适当位置的实体上，并使用旋转零部件作为参考基准，将会发现力会随着参考实体一起转动，如图 1-13 所示。

图 1-11   基于固定零部件的力的方向

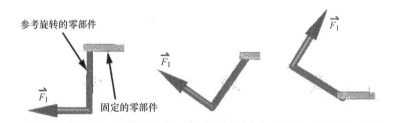

图 1-12   基于所选移动零部件的力的方向 1

图 1-13   基于所选移动零部件的力的方向 2

> 提示
>
> 确保引力符号的方向沿着 Y 轴的负方向。

步骤8   添加加力　单击【力】。在【类型】中选择【力】，在【方向】中选择【只有作用力】。在【作用零件和作用应用点】中选择零部件"Support-1"的圆形边线，如图 1-14 所示，在【力的方向】中选择零部件"Base-1"的竖直边线。

> 提示
>
> 默认的力的方向由【作用零件和作用应用点】中选择的圆形边线来定义，即垂直于边线的基准面。由于本示例中默认的方向是正确的，因此无须在【力的方向】中再选择边线，这样操作完全是出于教学的目的。

在【力函数】中选择【常量】，输入力的数值 8900N，如图 1-14 所示。

> 提示
>
> 确保力的方向是向下的。

单击【确定】。

步骤9   运行仿真　单击【计算】，仿真将计算 5s 的时间。

步骤10   运行 8s 的仿真　将结束时间键码拖至时间线的 8s 处，如图 1-15 所示。单击【计算】。

图 1-14　指定力的大小

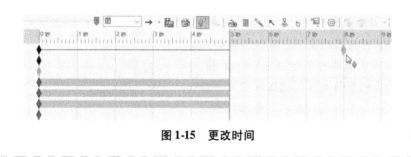

图 1-15　更改时间

1.4　结果

运动算例得到的输出内容主要是一个参数相对于另一个参数（通常为时间）的图解。运动算例计算完毕后，则可以为各种参数创建图解。所有已存在的图解都列于 MotionManager 设计树的底部。

1. 图解类别　用户可以生成以下类别的图解：

- 位移。
- 力量。
- 能量。
- 加速度。
- 速度。
- 其他数量。
- 动量。
- 力。

2. 子类别　用户可以按照以下类别生成图解：

- 跟踪路径。
- 摩擦力。
- 角位移。
- 线性位移。
- 接触力。
- 角加速度。
- 线性加速度。
- 角力矩。
- 马达力矩。
- 角速度。
- 角动能。
- 反力矩。
- 马达力。
- 质量中心位置。
- 摩擦力矩。
- 反作用力。
- 线性速度。
- 平移力矩。

- 平移动能。
- 总动能。
- 势能差。
- 俯仰。

- 滚转。
- 勃兰特角度。
- 能源消耗。

- 偏航。
- Rodriguez 参数。
- 投影角度。

3. 调整图解大小 用户可以通过拖动图解的任何边界或边角来调整其大小。

知识卡片	结果和图解	• MotionManager 工具栏：单击【结果和图解】。

步骤 11 图解显示提升车辆所需的力矩 单击【结果和图解】。在【结果】中设置类别为【力】，在子类别中选择【马达力矩】，在选取结果分量中选择【幅值】。在【选取旋转马达对象来生成结果】中选择创建的"旋转马达 1"，如图 1-16 所示。单击【确定】。

所需力矩图解出现在图形区域，如图 1-17 所示，所需力矩大约为 7244N·mm。

> 提示 若选择了"旋转马达 1"，便会在图形区域出现三重轴。坐标系指明了马达的本地 X、Y 和 Z 轴，输出的数值有可能就显示在这些轴上。对于本例而言，需要的数据图解是独立于坐标系的。下一章将重点介绍后处理的细节内容。

图 1-16 定义结果

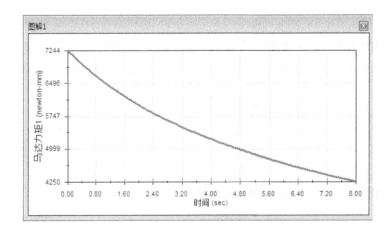

图 1-17 力矩图解

步骤 12 图解显示起升 8900N 所产生的能源消耗 下面将以上图解添加到现有图解中。单击【结果和图解】。

在【结果】中设置类别为【动量/能量/力量】，在子类别中选择【能源消耗】。在【选取马达对象来生成结果】中选取在步骤11中选择的"旋转马达1"，在【图解结果】中选择【添加到现有图解】，并从下拉菜单中选择"图解1"，如图1-18所示。单击【确定】✔。

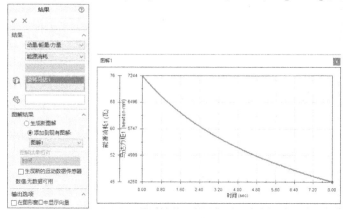

图1-18　能源消耗图解

能源消耗为76W。基于转矩和能源信息，可以选择一款马达并用于驱动"Screw_rod"，以替代人的手工劳动。

步骤13　播放动画　单击【播放】▶。竖直的时间线同时显示在MotionManager和图解中，显示对应的时间。单击【停止】■。

步骤14　图解显示"Support"竖直方向的位置　单击【结果和图解】。

在【结果】中设置类别为【位移/速度/加速度】，在子类别中选择【线性位移】，在选取结果分量中选择【Y分量】。在【选取单独零件上两个点/面或者一个配合/模拟单元来生成结果】中选择"Support"的顶面，如果没有选择第二个项目，则地面将作为默认的第二个零部件或参考。【定义XYZ方向的零部件(可选性)】区域保持空白，表明位移将以默认的全局坐标系为基准生成报告，如图1-19所示。单击【确定】✔。

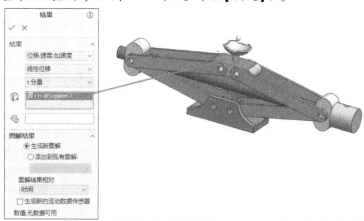

图1-19　定义竖直位置结果

提示　位移是基于"Support"零件的原点进行测量的，在图1-18中显示为一个"小蓝球"，以区别于"Car_Jack"装配体的原点。结果将以默认的全局坐标系为基准生成报告。

图 1-20 表明 "Support" 零件的原点在全局 Y 坐标方向的改变量，因此在全局坐标 Y 轴正方向的线性位移为 51mm(212mm − 161mm)。

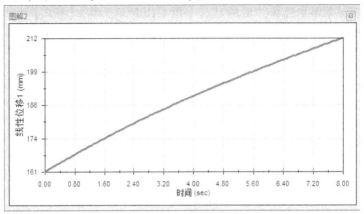

图 1-20　位移图解

步骤 15　修改图解　修改图解的横坐标以显示马达的角位移。在 MotionManager 树中，展开 "Results" 文件夹。右键单击 "图解 2" 并选择【编辑特征】。在【图解结果】的【图解结果相对】中选择【新结果】，在【定义新结果】中选择【位移/速度/加速度】，在子类别中选择【角位移】，在结果分量中选择【幅值】。选择 "旋转马达 1" 作为仿真元素，如图 1-21 所示。单击【确定】✔。

步骤 16　查看图解　图解结果有些粗糙，如图 1-22 所示，坐标点并未完全覆盖 −180°~180° 的范围。要想获得更好的图解，则必须保存更多的数据到磁盘中。

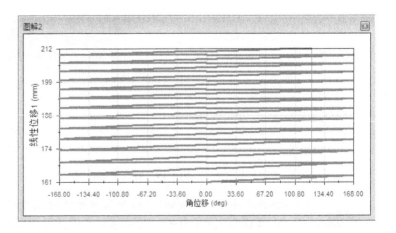

图 1-21　修改结果　　　　　　　**图 1-22　查看修改后的位移图解**

知识卡片	算例属性	SOLIDWORKS Motion 拥有一组特有的属性来控制算例计算和显示的方式。
	操作方法	• MotionManager 工具栏：单击【运动算例属性】⚙。

知识卡片	每秒帧数	每秒帧数用于控制数据保存到磁盘的频率。每秒帧数越高，记录的数据越密集。
	操作方法	• 在运动算例属性中展开【Motion 分析】，输入数值。也可使用数值框的箭头按钮或调节滑块。

步骤 17　修改运动算例属性　单击【运动算例属性】⚙，更改【每秒帧数】为 100，如图 1-23 所示。单击【确定】✓。

步骤 18　计算算例　单击【计算】🖳。

这样就得到了更多的细节，角位移也近似在 −180° 和 180° 之间发生变化，如图 1-24 所示。

图 1-23　修改运动算例属性

步骤 19　保存并关闭文件

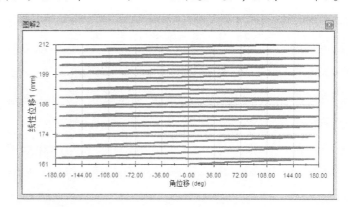

图 1-24　位移图解

练习　3D 四连杆

图 1-25 所示为 3D 四连杆机构，该机构中只有 4 个零件。零件"Support"固定在地面上，零件"LeverArm"的转动会导致零件"SliderBlock"滑动。

本练习将应用以下技术：

• 基本运动分析。

• 结果。

零件"LeverArm"以恒定的 360(°)/s 的角速度转动。确定驱动该机构所需的力矩[⊖]大小，并从运动仿真的结果中图解显示出来。

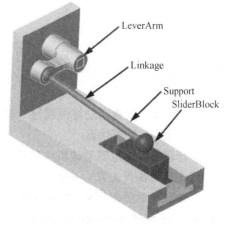

图 1-25　3D 四连杆机构

───────────

⊖　此处指转矩，为与软件保持一致，采用"力矩"一词。——编者注

操作步骤

　　步骤1　打开装配体文件　从文件夹 "Lesson01\Exercises\3D Fourbar Linkage" 内打开装配体文件 "3D fourbar linkage"。

　　步骤2　确认固定和移动的零部件　确定零件 "Support" 是固定的，而其他零部件是可以移动的，如图1-26所示。

　　步骤3　选择运动算例　在 MotionManager 中选择【Motion 分析】，默认的 "Motion Study 1" 将用于本次分析。

　　步骤4　添加引力　在 Z 轴负方向添加引力。

　　步骤5　定义零件 "LeverArm" 的运动
定义一个角速度为 360(°)/s 的旋转马达，如图1-27所示。

扫码看视频

▶ 🔩 (固定) support<1> -> (Default<<Default>_Display State 1>)
▶ 🔩 (-) SliderBlock<3> (Default<<Default>_Display State 1>)
▶ 🔩 (-) LeverArm<1> (Default<<Default>_Display State 1>)
▶ 🔩 (-) linkage<1> (Default<<Default>_Display State 1>)
▶ 🔩 MateGroup1

图1-26　零部件属性

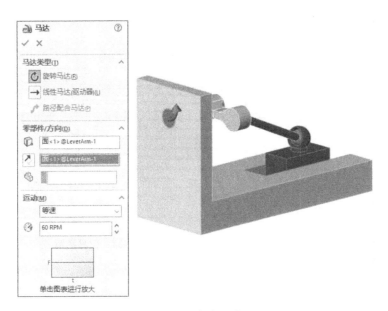

图1-27　定义马达

> 🔒 **技巧**　可以在 PropertyManager 中直接输入 "360 deg/sec"，系统会自动将其转化为每分钟转动量(r/min)。

　　步骤6　设置运动算例属性　设置【每秒帧数】为100，并将时间键码拖至4s处。

　　步骤7　计算仿真

　　步骤8　确定驱动该机构所需的力矩和能源　定义一个图解，显示力矩和所需能源与时间之间的函数关系，如图1-28所示。

　　步骤9　显示零件 "SliderBlock" 的线性速度　创建一个图解，显示零件 "Slider-Block" 的线性速度与时间之间的函数关系，如图1-29所示。

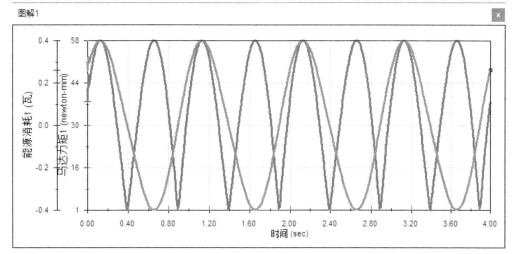

图 1-28　图解结果

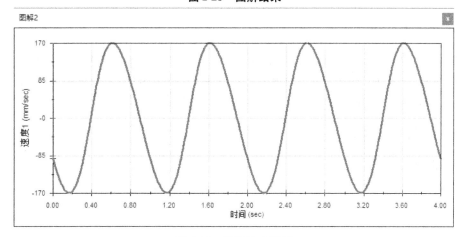

图 1-29　线性速度结果

步骤 10　修改图解　修改图解的坐标，显示旋转马达的角位移。更改之后，图解将显示零件"SliderBlock"的速度相对于零件"LeverArm"角位移的变化，如图 1-30 所示。

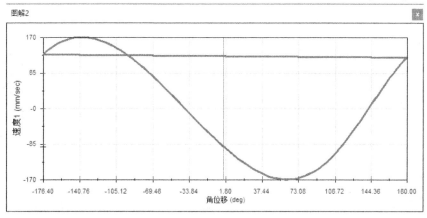

图 1-30　速度—角位移关系图解

步骤 11　保存并关闭文件

第2章 建立运动模型及其后处理

学习目标
- 为运动仿真建立适当的 SOLIDWORKS Motion 模型
- 为 SOLIDWORKS Motion 算例生成本地配合
- 生成和修改图解以进行后处理

2.1 创建本地配合

在第 1 章中，在 SOLIDWORKS 中创建的配合可直接用作 SOLIDWORKS Motion 中的运动分析。如果零部件在 SOLIDWORKS 中没有配合，或希望在 SOLIDWORKS Motion 中检查不同的连接类型，则可以在 SOLIDWORKS Motion 分析中添加或修改配合。

2.2 实例：曲柄滑块分析

本章将为曲柄滑块模型创建一个机构，如图 2-1 所示，通过 SOLIDWORKS 的配合来近似地表示真实的机构连接。曲柄滑块模型有着广泛的工程应用，例如在蒸汽机或内燃机的气缸中。下面将在曲柄零件上添加马达并进行仿真，然后进行后处理，进而评估所需的力矩。

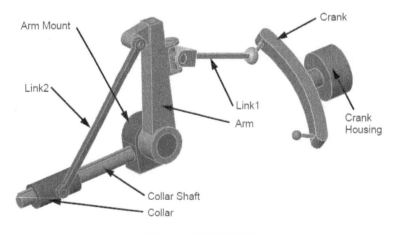

扫码看视频

扫码看视频

图 2-1 曲柄滑块模型

2.2.1 问题描述

将曲柄"Crank"以恒定转速(60r/min)进行驱动，确定转动曲柄零件所需的力矩。

2.2.2 关键步骤

- 生成运动算例。
- 前处理：在激活运动算例的情况下对装配体添加本地配合。

- 运行仿真：计算这个运动。
- 后处理：图解并分析结果。

操作步骤

步骤 1　打开装配体　打开文件夹 "Lesson02\Case Study\ Crank Slider Mechanism" 内的装配体文件 "3dcrankslider"。

步骤 2　检查装配体　SOLIDWORKS Motion 假定所有在 SOLIDWORKS 中固定的零件都是接地零件，而所有浮动的零件都是可移动零件。而且这些零件的移动受限于 SOLIDWORKS 的配合。

该装配体中没有任何配合，但是固定了 3 个零件，分别是 "collar_shaft""arm_mount" 和 "crank_housing"，如图 2-2 所示。

其余零件需要用配合来约束它们的运动，以获得期望的运动。

图 2-2　检查装配体

19

2.3　配合

配合用于通过物理连接一对刚体来限制它们的相对运动。

 提示 刚体作为单一个体移动并起作用。SOLIDWORKS 中位于根目录层的零部件被认为是刚体，这也意味着 SOLIDWORKS 和 SOLIDWORKS Motion 将子装配体视为单个刚体。

配合可以划分为两大类：

1）通过物理连接一对刚体来限制它们相对运动的配合。例如铰链、同轴心、重合、固定、螺旋、凸轮等。

2）用于强制执行标准几何约束的配合。例如距离、角度、平行等。

下面列出了一些最常用的配合类型。如果想全面了解所有配合，请参考 SOLIDWORKS 帮助文件。

（1）同轴心配合　同轴心配合允许一个刚体相对于另一个刚体同时做相对旋转和相对平移运动。同轴心配合的原点可以位于轴线上的任何位置，而刚体之间可以相对于该轴线进行转动和平移。例如，在气缸内活塞的滑动及转动，如图 2-3 所示。

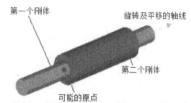

图 2-3　同轴心配合

（2）铰链配合　铰链配合本质上就是两个零部件之间移动受限的同轴心配合。

在 SOLIDWORKS Motion 中，使用铰链配合而不是采用同轴心加重合的组合，是因为机构的接榫[⊖]为铰链，如图 2-4 所示。用户可以在配合 PropertyManager 的【机械配合】选项卡中找到铰链配合。

⊖　接榫是一种广义概念上的 "接头"，可以是真实的接头，也可以是某种配合。—编者注

（3）点对点重合配合　这类配合允许一个刚体绕着两个刚体的共同点相对于另一个刚体进行自由旋转。配合的原点位置决定了这个共同点，使得刚体可以以此为中心点在彼此之间进行自由旋转，例如球形关节，如图 2-5 所示。

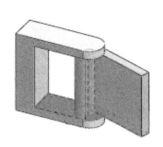

图 2-4　铰链配合

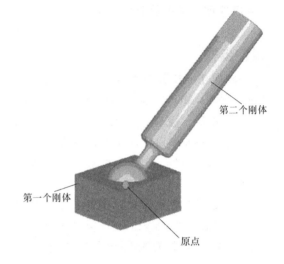

图 2-5　点对点重合配合

（4）锁定配合　锁定配合将两个刚体锁定在一起，使得彼此之间无法移动。对于锁定配合而言，原点位置及方向不会影响到仿真结果。将两个零件连接到一起的焊接便属于锁定配合，如图 2-6 所示。

（5）面对面的重合配合　该配合允许一个刚体相对于第二个刚体沿特定路径发生平移。刚体彼此之间只能平移，而不能旋转。

平移接榫相对于刚体的原点位置不会影响两个实体的运动，但是会影响到反作用力或轴承载荷，如图 2-7 所示。

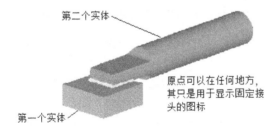

图 2-6　锁定配合

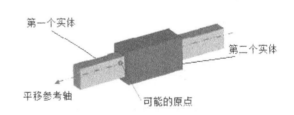

图 2-7　面对面的重合配合

（6）万向节（即万向联轴器）配合　万向节配合能够将旋转从一个刚体传递到另一个刚体。该配合用于在转角处传递旋转运动，并在两个相连且在连接处成一定角度的杆件（例如汽车的传动轴）之间传递旋转运动时非常有效。

万向节配合的原点位置表示两个刚体的连接点。两根轴线表示由万向节连在一起的两个刚体的中心线。请注意 SOLID-WORKS Motion 使用的转轴平行于用户指定的转轴，但是会穿过万向节配合的原点，如图 2-8 所示。

（7）螺旋配合　螺旋配合是指一个刚体相对于另一个刚体在平移的同时进行

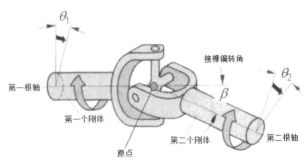

图 2-8　万向节配合

旋转运动。当定义螺旋配合时，用户可以定义距离（螺距）。距离是指第一个刚体绕第二个刚体旋转一整圈所平移的相对位移。第一个刚体相对于第二个刚体的位移是第一个刚体绕轴线旋转的函数。每转一整圈，第一个刚体相对于第二个刚体沿平移轴的位移等于螺距值，如图 2-9 所示。

（8）点在轴线上的重合配合　此类配合允许一个零件相对于另一个零件拥有一个平移和三个旋转运动。两个零件之间的平移运动仅限于轴线的方向。该点用于定义轴线上初始枢轴的位置，如图 2-10 所示。

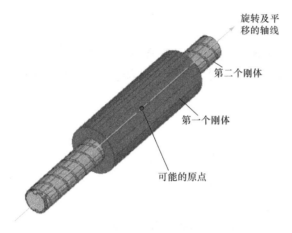

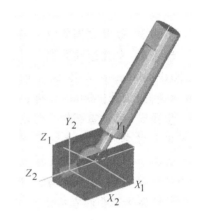

图 2-9　螺旋配合　　　　　　　　　　　　　　　图 2-10　点在轴线上的重合配合

（9）平行配合　平行配合只允许一个零件相对于另一个零件进行平移，不允许旋转。在图 2-11 中，蓝色的"X-part"可以相对于地面沿 X 方向运动。红色的"Y-part"可以相对于"X-part"沿 Y 方向运动。"Z-part"可以相对于"Y-part"沿 Z 方向运动。最终，"Z-part"上的红、黄、蓝方块相对于地面会产生一个曲线运动，且总保持平行。

（10）垂直配合　垂直配合允许一个零件相对于另一个零件进行平移和旋转。它在零件上施加了单个旋转约束，因此零件的轴线保持垂直。此配合关系允许沿着任何一个 Z 轴进行旋转，但不允许在垂直于这两个 Z 轴的方向发生相对旋转，如图 2-12 所示。

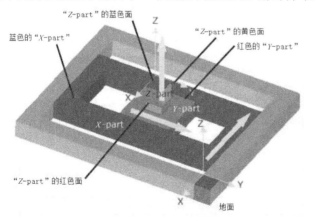

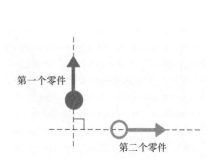

图 2-11　平行配合　　　　　　　　　　　　　　　图 2-12　垂直配合

提示　　建议用户定义的配合最好能体现真实的机械连接，例如，机械铰链就应当使用铰链配合来模拟，而不是使用重合配合和同轴心配合的组合。

2.4　本地配合

在 SOLIDWORKS 中创建的配合可以转移到 SOLIDWORKS Motion 中，并用作机械接榫。如果 SOLIDWORKS 中的装配体没有配合，或者希望定义区别于 SOLIDWORKS 配合的连接，则可以直接在运动算例中添加本地配合。本地配合只能应用于添加了这些本地配合的算例中。

要想添加本地配合，需要确保运动算例处于活动状态并添加配合。当运动算例处于活动状态时，添加的任何配合只会加载到此运动算例中。

步骤3　确认文档单位　确认文档的单位被设为【MMGS(毫米、克、秒)】。

步骤4　创建运动算例　右键单击【Motion Study 1】选项卡，选择【生成新运动算例】。将 MotionManager 工具栏中的【算例类型】设为【Motion 分析】。

步骤5　移动零部件　移动未固定的零部件以分离该装配体，如图 2-13 所示。这样操作是为了方便选取各个表面，并追踪已经添加配合的零部件。

步骤6　生成本地配合　单击【配合】⏚，并在【机械配合】中选择【铰链】⏚。在【同轴心选择】中选择杆和孔的两个圆柱面，在【重合选择】中选择杆和 "crank_housing‑1" 的端面，如图 2-14 中箭头所示。

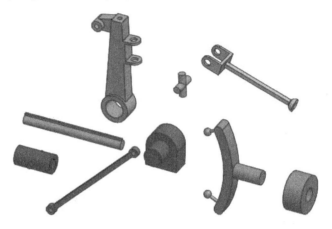

图 2-13　移动零部件

由于时间线处于激活状态，因此，新建的配合更改了曲柄在动画中开始点的位置，弹出的警告如图 2-15 所示。这符合我们的操作预期。单击【是】，再单击【确定】✔。

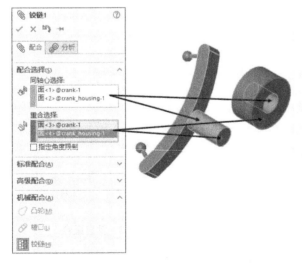

图 2-14　生成本地配合

图 2-15　警告

步骤7　查看配合　这个配合只会出现在 MotionManager 中，而不会出现在 FeatureManager 设计树中，如图 2-16 所示。

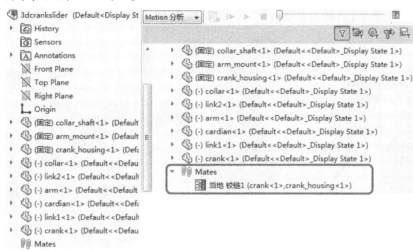

图 2-16　查看配合

步骤8　添加其他配合　单击【配合】◇，从【标准配合】中选择【同轴心】◎。在两个球面之间添加同轴心配合，球面位于图 2-17 所示的零件 "Link1" 和 "crank" 上。弹出警告后单击【是】，再单击【确定】✔。

步骤9　添加 "arm" 与 "arm_mount" 的配合　单击【配合】◇，从【机械配合】中选择【铰链】。添加一个铰链配合连接 "arm" 和 "arm_mount"，如图 2-18 所示。弹出警告后单击【是】，再单击【确定】✔。

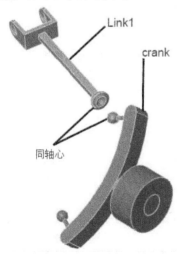

图 2-17　添加配合 1

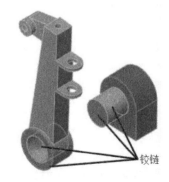

图 2-18　添加配合 2

步骤10　添加 "Link1" 与 "arm" 的配合　该连接需要使用两个【铰链】配合，第一个位于 "Link1" 和 "cardian" 之间，第二个位于 "cardian" 和 "arm" 之间，如图 2-19 所示。

步骤 11 配合"Link2" 使用【铰链】配合将"Link2"与"arm"连接。因为两个孔之间没有销穿过，所以重合配合时选择两个相接触的表面。在"Link2"的另一端与"collar"的销间添加【同轴心】配合，如图 2-20 所示。

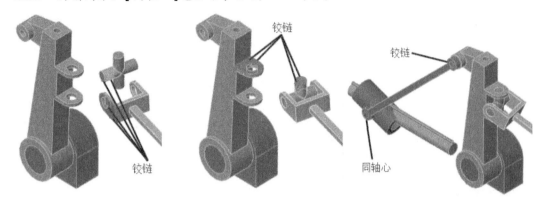

图 2-19 添加配合 3   图 2-20 添加配合 4

步骤 12 添加"collar"与"collar_shaft"的配合 在每个零件的圆柱面之间添加一个【同轴心】配合。

步骤 13 测试装配体 旋转"crank"，确认零部件能够按照预期进行移动。查看 FeatureManager 设计树和 MotionManager 树，所有配合都应该只出现在 MotionManager 树中。

> 提示 在装配体中移动零部件会使本例中获得的结果与实际获得的结果略有不同。

步骤 14 添加引力 单击【引力】，在 Y 轴负方向添加引力，单击【确定】。

步骤 15 计算 调整装配体时间键码到 5s，单击【计算】。

步骤 16 播放仿真 设定播放速度为 25%，单击【播放】，如图 2-21 所示。"crank"将来回

图 2-21 播放仿真

摆动，这是因为引力使得零部件的势能和动能彼此转换。因为没有考虑摩擦，所以零件将无休止地运动下去。

步骤 17 设置时间栏到 0s 为了在 0s 时刻添加马达，需要将时间栏设定为 0s。

步骤 18 添加马达 生成一个驱动"crank"的马达。单击【马达】，在【马达类型】中选择【旋转马达】，在【马达位置】中选择零件"crank"的圆柱面，如图 2-22 所示。

默认选择的【马达方向】对于本分析而言是正确的。确认马达的方向与图 2-22 中显示的一致。

在【运动】中选择【马达类型】为【数据点】，该命令会调出【函数编制程序】窗口。

确定【值（y）】和【自变量（x）】分别设定为【位移（度）】和【时间（秒）】。

图 2-22 添加马达

2.4.1 函数编制程序

函数编制程序可用于创建马达和力的函数方程式。

【函数编制程序】可以使用预定义的【线段】、一系列离散的【数据点】或数学【表达式】，来创建函数方程式。图 2-23 显示了【函数编制程序】对话框的【线段】视图。

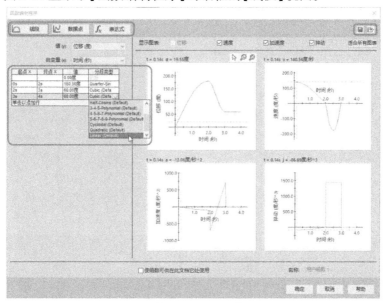

图 2-23 【函数编制程序】对话框

知识卡片	函数编制程序	• 线段　在【线段】视图中，用户需要同时选择自变量（以时间为代表）和因变量（位移、速度或加速度）。对于每个指定的时间间隔，从初始值到最终值之间的过渡由预定义的轮廓曲线控制。线性(Linear)、三次(Cubic)、四分之一正弦(Quarter-Sine)、半余弦(Half-Cosine)、3-4-5 多项式(3-4-5 Polynomial)等轮廓曲线已经被集成到程序之中。当函数建立完成时，图形窗口将显示位移、速度、加速度和猝动(加速度的时间导数)的相应变化。注意，用户可以保存并从储存的位置重新获取函数。 • 数据点　离散的系列数据点可以通过 *.csv 文件导入或手动输入。本章将介绍相关内容，其功能和选项与输入的插值类型相似。 • 表达式　借助预定义的数学函数、变量和常量以及现有运动算例结果等，使用表达式来创建函数。与前面两类情况一样，该函数也可以保存在指定的位置。
	操作方法	• 快速菜单：在【马达】或【力/扭矩】PropertyManager 的【运动】或【力函数】组框内选择【线段】、【数据点】或【表达式】。

步骤 19　输入数据点　在本示例中将直接加载一个文件，而不是逐个输入这些数据。本教程已经准备好了一个 Excel 文件。找到文件夹 "Case Study\Crank Slider Mechanism" 下的文件 "crank rotation.csv"，并检查该文件。其只包含两列数字，分别代表时间和位移。

单击【输入数据】，找到并选择 "crank rotation.csv" 文件，单击【打开】。文件中的数值会直接插入到【时间】和【值】列中。选择【Akima 样条曲线】作为【插值类型】，如图 2-24 所示。

提示　【函数编制程序】对话框会自动更新位移、速度、加速度和猝动的图解。数据点描述了角位移相对于时间的线性递增，属于简谐运动。

26

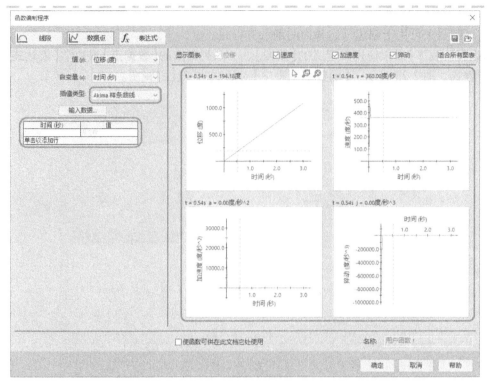

图 2-24 输入数据点

单击【确定】，完成对轮廓的定义并退出【函数编制程序】对话框。单击【确定】✔。

步骤20 重命名马达 将马达特征重命名为"Motor-crank"。

2.4.2 输入数据点

通过输入的数据点，用户可以使用自己的运动数据来控制运动的位移、速度或加速度。可以输入 SOLIDWORKS Motion 的数据点必须是文本文件（*.txt）或以逗号分隔值的文件（*.csv）。文件的每一行应当只对应一个数据点。数据点包含两个数值，即时间和该时间点对应的值。逗号或空格可用于分隔两个数值。除了这些限制以外，这个文件在本质上是自由格式的。SOLID-WORKS Motion 允许使用不限数量的数据点，数据点的最小数量为 4 个。

数据点模板中，第一列【自变量(x)】通常为时间，但也可以使用其他参数，例如循环角度、角位移等；第二列【值(y)】可以设为位移、速度或加速度。这些数据可以手工输入，也可以直接导入。

除了线性插值外，还有两个样条曲线拟合选项可以平滑数据：Akima 样条曲线（AKISPL）和立方样条曲线（CUBSPL）。推荐用户使用立方样条曲线，这样即使数据点分布不均，仍然可以得到较好的结果。Akima 样条曲线生成的速度更快，但是当数据点分布不均匀时效果不好。

步骤21 运行仿真 将时间键码设置到 5s，单击【计算】📊。

步骤22 图解显示力矩 生成一幅图解，显示转动机构所需的力矩。单击【结果和图解】📈，选择【力】、【马达力矩】及【幅值】定义图解。选择"Motor-crank"作为模拟单元，如图 2-25 所示。单击【确定】✔。

步骤 23　查看图解　在【运动算例属性】中增加【每秒帧数】选项的值，通过记录更多的数据点来改善图解的质量。力矩图解如图 2-26 所示。

图 2-25　定义力矩图解

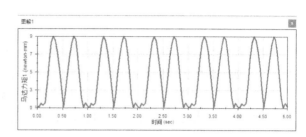

图 2-26　查看力矩图解

步骤 24　图解显示能量　生成一幅图解，显示转动机构所需的能量。单击【结果和图解】，选择【动量/能量/力量】和【能源消耗】定义图解。选择"Motor-crank"作为模拟单元，如图 2-27 所示。单击【确定】✔。能量图解如图 2-28 所示。

图 2-27　定义能量图解

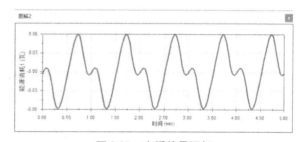

图 2-28　查看能量图解

> **提示**　在掌握了运行转速、力矩或能量的情况下，用户可以选择合适的马达来驱动系统。

2.5　功率

功率(能量)是指执行功的速率，或在 1s 内所消耗功的总量。力作用在距离位移上产生功，力矩作用在角位移上产生功。对于旋转马达而言，有以下关系：

$$P(\text{W}) = M(\text{N} \cdot \text{m}) \times \omega(\text{rad/s})$$

通过前面生成的能量图解可以轻松验证最大力矩 $M = 10\text{N} \cdot \text{mm} = 0.01\text{N} \cdot \text{m}$。

用户可以通过生成角速度的图解来轻松验证 $\omega = 360(°)/\text{s} = 2\pi\text{rad/s}$。所以最终的最大功率为

$$P = (0.01 \times 2\pi)\text{W} \approx 0.063\text{W}$$

图中显示的能量为 0.06W，这是因为默认只使用两位有效数字的精度。

通常电动马达的额定值用最大功率和力矩表示，但也经常使用替代单位。

如果角速度的单位为 r/min，则：

$$P(\mathrm{W}) = \frac{M(\mathrm{N \cdot m}) \times 2\pi \times \omega(\mathrm{r/min})}{60}$$

如果使用英马力(horsepower)，则将使用下面的转换：

$$1\mathrm{hp} = 33000\mathrm{lbf \cdot ft/min} = 745.7\mathrm{W}$$

当使用英制单位表示机械马力(mechanical horsepower)时，计算功率的公式为：

$$P(\mathrm{hp}) = \frac{M(\mathrm{lbf \cdot ft}) \times 2\pi \times \omega(\mathrm{r/min})}{33000} = \frac{M(\mathrm{lbf \cdot ft}) \times \omega(\mathrm{r/min})}{5252.1}$$

虽然机械马力在美国的某些行业（例如汽车行业）中很常见，但在欧洲和亚洲也使用了类似的度量标准，即米制马力(Metric horsepower)。米制马力的定义为

$$1 \text{ 米制马力} = 735.5\mathrm{W}$$

由于定义马力的方式比较模糊，现在已经不再推荐使用此单位了。

步骤25　运行算例　将【每秒帧数】更改为"100"，重新计算该算例。

步骤26　查看结果　力矩的值和未添加【重合】配合时基本相同。图解看上去更加平滑，这是因为使用了4倍的数据点，如图2-29所示。

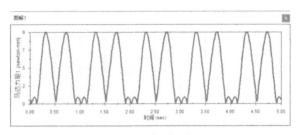

图 2-29　查看图解

步骤27　图解显示反作用力　单击【结果和图解】，新建一个图解，显示马达的反作用力。选择【力】、【反作用力】及【幅值】定义该图解。在此装配体中，定义的第一个铰链位于"crank"和"crank_housing"之间。因为"crank_housing"是固定的，配合就必须传递反作用力。

在【模拟单元】中选择第一个铰链配合。由于所选的配合连接了两个零件，因此存在两个相等且反向的力作用在该配合上。必须选择两个零件中的其中一个来生成此力的图解。

在【模拟单元】中选择零件"crank-1"的任意表面作为第二个部分。勾选【在图形窗口中显示向量】复选框，如图2-30所示。单击【确定】。

提示　必须从 MotionManager 设计树中选择该配合。由于该配合为本地配合，所以不会显示在 Feature-Manager 设计树中。

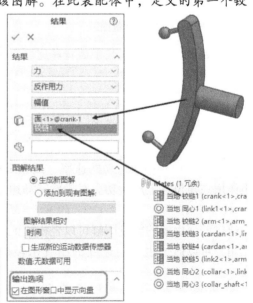

图 2-30　定义反作用力图解

步骤 28　出现警告　这时将收到关于冗余约束的警告，如图 2-31 所示。冗余约束可能会对配合的力（由配合定义的机械连接的力）产生重大影响，具体内容将在本教程后面的部分进行讨论。但此机构中得到的合力是正确的，因为这个装配体中出现的冗余并不会对图 2-32 所示的力产生影响。单击【否】。

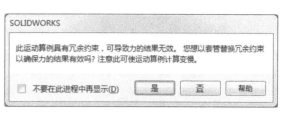

图 2-31　警告

步骤 29　查看图解　播放这个仿真，查看反作用力的变化，如图 2-32 所示。

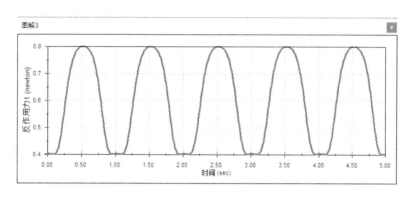

图 2-32　查看反作用力图解

从右视图中观察到的结果如图 2-33 所示。

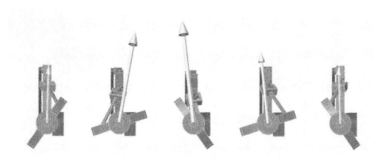

图 2-33　右视图结果

2.6　图解显示运动学结果

回顾第 1 章的内容可以知道，从结果的 PropertyManager 中可以得到很多输出数据，包括绝对数值或相对于装配体另一个零部件的相对数值。然而在大多数情况下，默认的输出是基于顶层装配体的全局坐标系的，但用户可以很容易地将数值转换到其他选定的局部坐标系中。

2.6.1　绝对数值和相对数值的对比

如果想在图解中得到绝对数值，则在【模拟单元】区域中选择部件（配合、马达、零件等），如图 2-34 所示；如果想在图解中得到相对数值，则在【模拟单元】区域中添加参考部件，如图 2-35 所示。

图 2-34　选择部件

图 2-35　添加参考部件

 提示　必须将参考部件选定为列表中的第二个部分。

2.6.2　输出坐标系

通常情况下，输出的结果是基于装配体的全局坐标系的。然而，对于某些仿真部件（例如配合和马达），其默认的输出是基于所选零部件的局部坐标系的。

若要得到非默认坐标系下的图解，需要在【定义 XYZ 方向的零部件】选项中选择所需的零部件，则所有数值都将转换到所选零部件的坐标系中，如图 2-36 所示。

 提示　所选的坐标系由在图形区域中显示的三重轴表示，如图 2-37 所示。

图 2-36　选择零部件

图 2-37　局部坐标系

下面将以四个图解来显示在全局坐标系和局部坐标系中的绝对和相对的结果。

步骤 30　全局坐标系中零部件的绝对结果 的 X 分量。单击【结果和图解】，选择【位移/速度/加速度】、【线性位移】及【X 分量】定义这个图解。在【模拟单元】中选择零部件"arm"的任意一个表面，如图 2-38 所示。单击【确定】。

生成一个图解，以显示"arm"线性位移

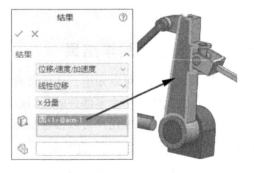

图 2-38　定义线性位移图解 1

 提示　如果选择了一个表面，则图解将显示零件原点相对于全局坐标系中装配体原点的线性位移，零件原点用蓝色小球表示。

由于输入的是简谐运动，因此输出也是一个振荡运动，如图 2-39 所示。

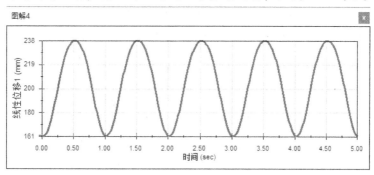

图 2-39　查看线性位移图解 1

步骤 31　转换到局部坐标系中零部件的绝对结果　生成一个图解，以显示"arm"在局部坐标系下线性位移的 X 分量。编辑前面的图解，选择"arm"作为【定义 XYZ 方向的零部件】，如图 2-40 所示。单击【确定】✔。

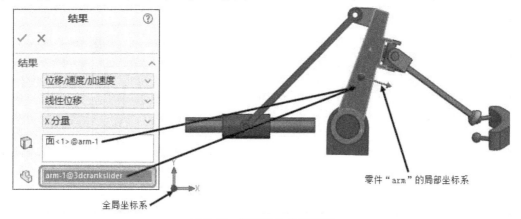

图 2-40　编辑线性位移图解

> 提示　零件"arm"上的坐标轴现在指示输出的局部坐标系与全局坐标系已经不一致了。此外应注意到，当播放运动时，局部坐标系相对于全局坐标系发生了平移和旋转。
>
> 图 2-41 显示了零件原点相对于装配体原点的线性位移在零件坐标系下的转换。或者可以理解为步骤 30 中的数值在零件"arm"的坐标系下进行了转换。

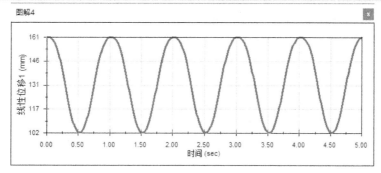

图 2-41　查看线性位移图解 2

步骤32　全局坐标系中零部件的相对结果　生成一个图解，以显示"arm"相对于零件"collar"线性位移的 X 分量。编辑上一个图解，清除【定义 XYZ 方向的零部件】选项中的内容。选择零件"collar"作为【模拟单元】选项中的第二个部件，如图 2-42 所示。单击【确定】。

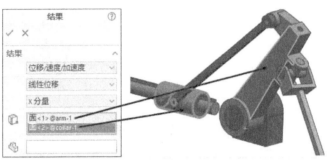

图 2-42　定义线性位移图解 2

从图 2-43 中可以看到，位移产生了不同的振荡特征，因为"arm"的位移是基于全局坐标系的（步骤30）。

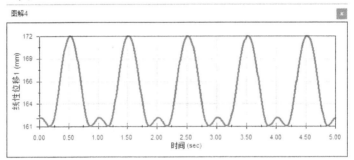

图 2-43　查看线性位移图解 3

提示　图 2-43 显示了"arm"原点相对于全局坐标系下"collar"零件原点的线性位移。

步骤33　局部坐标系中零部件的相对结果　生成一个图解，以显示"arm"相对于零件"collar"线性位移的 X 分量。在"Link1"的局部坐标系下转换结果。编辑上一个图解，选择"Link1"作为【定义 XYZ 方向的零部件】选项中的内容，如图 2-44 所示。

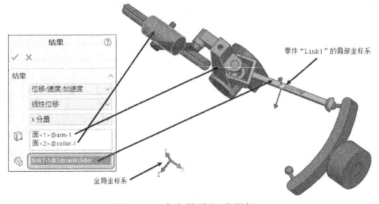

图 2-44　定义线性位移图解 3

提示　　零件"Link1"上的三重轴表示输出的局部坐标系与全局坐标系已经不一致了。

图 2-45 所示为步骤 32 中绘制的数值在零件"Link1"坐标系下进行转换后的结果。

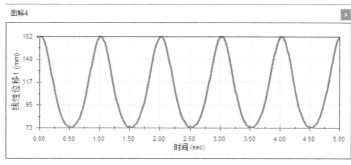

图 2-45　查看线性位移图解 4

2.6.3　角位移图解

角位移图解可以用来测量马达、配合、3 点或一个零部件相对于另一个零部件的角位移。因为角位移不是矢量，所以只能表示大小。

前面的部分介绍了生成零部件运动学结果图解的方法。在下面的步骤中，将对其他模拟单元（配合、马达等）生成各种后处理的图解。对于大多数模拟单元而言，默认的输出坐标系是该单元的局部坐标系。

步骤 34　定义配合的角位移　生成一个图解，以显示零件"Link1"和"cardian"之间铰链配合的角位移。单击【结果和图解】，选择【位移/速度/加速度】、【角位移】及【幅值】来定义该图解。选择零件"Link1"和"cardian"之间的本地铰链配合作为【模拟单元】，如图 2-46 所示。单击【确定】。

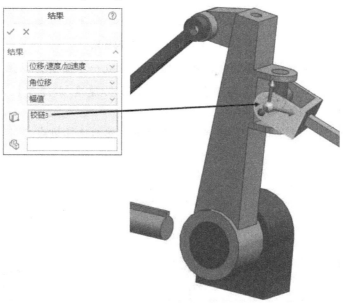

图 2-46　定义角位移图解 1

注意

　　三重轴位于铰链上的位置表明输出的坐标系是铰链配合的局部坐标系，只能得到大小数值。如图 2-47 所示，此图解显示了零件"Link2"在竖直方向的转动量约为 1.3°。

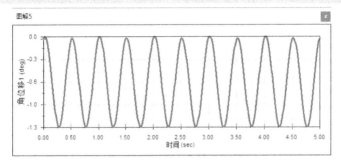

图 2-47　查看铰链的角位移图解

　　步骤 35　定义马达的角位移　为了学习角位移图解中其他选项的作用，将修改现有的图解，而不是新建图解。

　　在"Results"文件夹下，右键单击最后一个图解，选择【编辑特征】。删除铰链配合，选择运动部件"Motor-crank"作为模拟单元。单击【确定】✔。

　　图 2-48 显示了马达的简谐运动，角位移从 0° 变化到 + 180°，然后再回到 - 180°。图 2-48 中的斜率是常数。

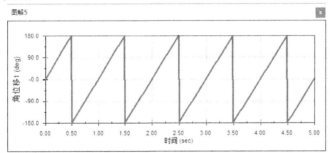

图 2-48　查看马达的角位移图解

　　步骤 36　由 3 点确定的两条线之间的角位移　生成一个图解，以显示 3 点确定的两条线之间的角位移。单击【结果和图解】，选择【位移/速度/加速度】、【角位移】及【幅值】来定义该图解。

　　在【模拟单元】中，先选择图 2-49 所示的两个点，然后选择边线。

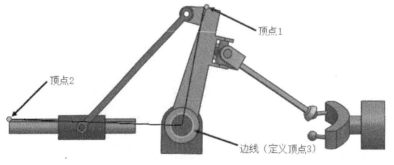

图 2-49　3 顶点位置

勾选【在图形窗口中显示向量】复选框，如图 2-50 所示。这将显示 3 个所选点之间的连线。单击【确定】✔。

步骤37　查看图解　图 2-51 中显示的角度源于这两条连线，一条线由顶点 1 和顶点 3 定义，另一条线由顶点 2 和顶点 3 定义（因此顶点 3 确定了中心点）。注意：在当前示例中，角运动限制在 84°~121°之间。

图 2-50　定义角位移图解 2

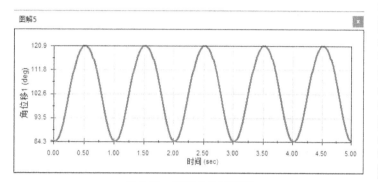

图 2-51　查看角位移图解

2.6.4　角速度及角加速度图解

与角位移类似，用户也可以对马达、配合及一个零部件相对于另一个零部件生成角速度图解。此时可以使用幅值及所有 3 个坐标分量。

步骤38　图解显示角速度和角加速度　用户可自己生成几个角速度和角加速度图解，尝试在全局坐标系和局部坐标系下绘制绝对数值和相对数值。

步骤39　保存并关闭文件

练习 2-1　活塞

在本练习中，将手动创建本地配合，并对一个仅受重力作用的单缸发动机进行运动仿真，然后对结果生成图解，并检查装配体的干涉。活塞模型如图 2-52 所示。

本练习将应用以下技术：

- 创建本地配合。
- 角位移图解。

扫码看视频

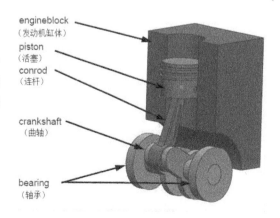

图 2-52　活塞模型

操作步骤

步骤1　打开装配体文件　打开文件夹"Lesson02 \ Exercises \ Piston" 内的装配体文件"Piston"。

步骤2　设置算例的类型　切换至【Motion Study 1】选项卡，设置【算例类型】为【Motion 分析】。

步骤3　确认文档的单位　确认文档的单位为【MMGS(毫米、克、秒)】。

步骤4　查看零部件的固定和浮动状态　检查整个装配体，发动机气缸体和两个轴承都是固定的，活塞、曲轴和连杆都是浮动的，如图 2-53 所示。"MateGroup1" 内没有内容，因为没有配合。

步骤5　移动零部件　将浮动的零部件从原位置移开，如图 2-54 所示。这样操作是为了方便选择面来创建本地配合。

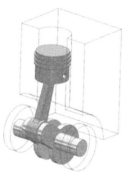

a)固定零部件　　　　　b)浮动零部件

图 2-53　查看零部件状态　　　　**图 2-54　移动零部件**

步骤6　添加本地配合　添加以下本地配合：

● 在曲轴 "crankshaft" 和轴承 "bearing < 2 >" 之间添加铰链配合，如图 2-55 所示。

> **提示** 曲轴 "crankshaft" 和轴承 "bearing < 1 >"之间也可以定义第二个铰链配合，这对整个仿真的运动结果并没有任何影响。

● 在曲轴 "crankshaft" 和连杆 "conrod" 之间添加铰链配合，如图 2-56 所示。

图 2-55　添加铰链配合 1　　　　**图 2-56　添加铰链配合 2**

36

- 在活塞"Piston"和发动机气缸体"engineblock"圆柱面之间添加同轴心配合，如图 2-57 所示。
- 在连杆"conrod"上部圆孔和活塞"Piston"的一个活塞销孔之间添加同轴心配合。因为并没有创建活塞销的模型，所以此处使用同轴心配合进行替代，如图 2-58 所示。

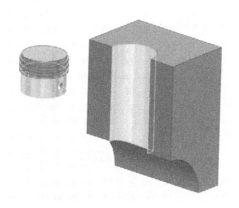

图 2-57　添加同轴心配合 1

图 2-58　添加同轴心配合 2

步骤 7　添加引力　在【引力参数】的【方向参考】中，选择【Y 向】。在【数字引力值】中输入数值 9806.65mm/s^2。

步骤 8　设置运动算例属性　设置算例属性，【每秒帧数】设置为 100。

步骤 9　运算 2.5s 内的仿真　将结束时间键码拖至时间栏的 2.5s 处并进行计算，确定算例类型设定为【Motion 分析】。

步骤 10　检查运动　以 25% 的速度从头播放此算例。活塞和连杆的质量将导致活塞试图移至下止点。由于没有考虑摩擦，模型将只发生摆动，因为系统总的能量是守恒的，如图 2-59 所示。

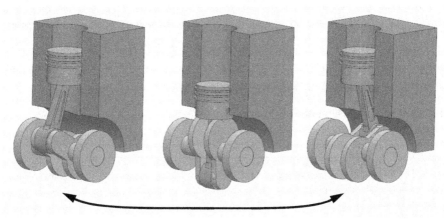

图 2-59　检查运动

因为装配体可以自由运动，所以无法判断不同零部件之间是否存在干涉。在第 3 章中，将演示如何在 SOLIDWORKS Motion 中检查干涉。

步骤 11　图解显示结果　生成一个图解，以显示曲轴"crankshaft"的角位移。

图 2-60 所示图解看上去可能有些奇怪，但仔细分析可以发现零部件只是在来回摆动。

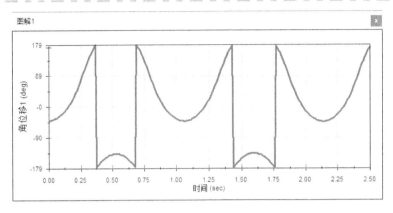

图 2-60　查看曲轴的角位移图解

步骤 12　生成铰链配合的角位移图解　为曲轴"crankshaft"和轴承"bearing"之间的铰链配合另生成一个角位移的图解，如图 2-61 所示。

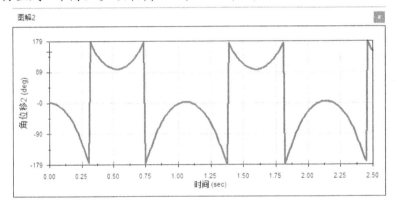

图 2-61　查看铰链配合的角位移图解

该图解看上去和前面关于曲轴的图解相似，只是数值的符号相反，并且图形从 0°开始。这是因为在默认情况下，配合、马达和弹簧特征的位移图解是基于局部坐标系的。

步骤 13　图解显示线性位移　生成一个图解，以显示活塞在全局坐标系下的线性位移。图解以 Y 分量为参考，因为这是气缸体轴线的方向。

图解显示为一个近似的简谐运动，如图 2-62 所示。

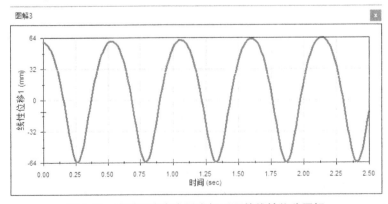

图 2-62　查看活塞在全局坐标系下的线性位移图解

步骤 14　转换线性位移图解　将图 2-62 所示的线性位移图解转换至曲轴的局部坐标系中。因为曲轴的局部坐标系是旋转的，所以图解中的数值将从正数变为负数，如图 2-63 所示。

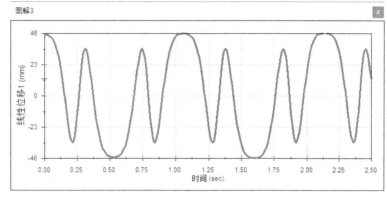

图 2-63　查看活塞在曲轴局部坐标系下的线性位移图解

　　步骤 15　保存并关闭文件

练习 2-2　跟踪路径

　　在本练习中，将使用由表格数据驱动的马达来控制笔式绘图机进行工作。笔式绘图机如图 2-64 所示。

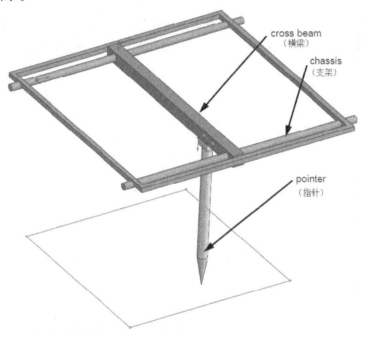

图 2-64　笔式绘图机

扫码看视频

本练习将应用以下技术：
- 创建本地配合。
- 输入数据点。

操作步骤

  步骤1　打开装配体文件　打开文件夹"Lesson02\Exercises\Trace Path"内的装配体文件"pant1"。

  步骤2　设置文档单位　单击【工具】/【选项】/【文档属性】/【单位】，并选择【MMGS(毫米、克、秒)】为单位。

  步骤3　新建算例　新建一个运动算例，确保算例类型为【Motion 分析】。

  步骤4　检查装配体　现有的配合允许横梁沿着支架的导轨移动，而且指针可以沿着横梁移动，如图 2-65 所示。目前缺少可以防止指针绕横梁转动的配合。

  步骤5　添加旋转马达　为了防止指针转动，将使用一个旋转马达。

图 2-65　检查装配体

  选择"pointer"下的"Axis1"作为零部件。在【运动】中选择【距离】，设定位移为 0°，并从 0.00s 变化到 20.00s，如图 2-66 所示。单击【确定】✔。

  步骤6　添加线性马达　第一个线性马达用于驱动横梁沿支架移动。文件夹"Exercises\Trace Path"包含两个 csv 文件："movx.csv"和"movy.csv"。这些文件包含两组数字：第一组数字代表时间，第二组数字代表位置。

> ⚠️**注意**　每一组数字中的时间间隔都是非常均匀的。这允许使用 Akima 插值类型。

  添加一个【线性马达】，选择如图 2-67 所示的表面。选择【数据点】以打开【函数编制程序】对话框。选择【位移】值，单击【输入数据】，使用"movy.csv"文件。单击【确定】✔。

图 2-66　定义马达

图 2-67　选择运动数据

提示 从三重轴上可以看到，所选的面会沿着 Y 方向运动，因此需要使用文件"movy. csv"，而不是"movx. csv"。

步骤 7　添加另一个线性马达　添加另一个线性马达，使用文件"movx. csv"，驱动指针沿着横梁移动。选择图 2-68 所示的表面，将马达的方向设定为 X 轴的负方向。选择【数据点】以打开【函数编制程序】对话框，选择【位移】值，单击【输入数据】，使用"movx. csv"文件，单击【确定】以退出【函数编制程序】对话框。单击【确定】。

步骤 8　运行算例　运行此算例 20s 的时间。

步骤 9　生成跟踪路径　新建一个结果，选择【位移/速度/加速度】和【跟踪路径】。选择指针的端点，勾选【在图形窗口中显示向量】复选框，以查看绘制的形状，如图 2-69 所示。

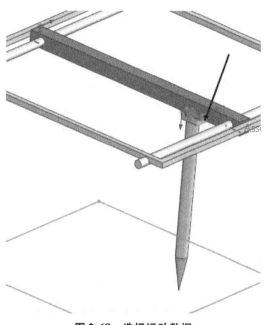

图 2-68　选择运动数据

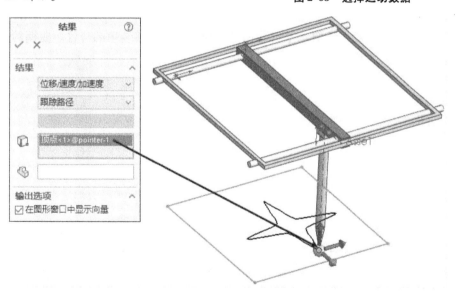

图 2-69　生成跟踪路径

提示 在第 6 章中将进一步讨论跟踪路径图解，以用于生成凸轮的轮廓。

步骤 10　保存并关闭文件

第3章 接触、弹簧及阻尼简介

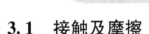

学习目标
- 零部件的干涉检查
- 对零部件应用接触
- 指定实体接触的摩擦
- 在装配体中添加带阻尼的弹簧

3.1 接触及摩擦

本章将研究抛射器在装载和抛射弹体时的运动情况。本章中的部分零部件并不通过配合或接头进行连接，但是它们受限于其他零部件。通过定义接触条件并计入零部件之间的摩擦，可以将这些动态的零部件放置到运动系统中。

3.2 实例：抛射器

曲柄通过传动带和传动带轮驱动抛射器长臂转动到弹体能够装填的位置。曲柄的运动还会通过齿轮传动装置传递到触发机构，释放弹体并允许弹簧将弹体推至弹匣中。

当松开曲柄时，配重块将使长臂发生转动并将弹体抛射出去，如图 3-1 所示。

3.2.1 问题描述

曲柄转动 2.75 圈以填充抛射器。齿条的运动将触动扳机，并将弹体送入弹匣中。齿轮传动装置将转动长臂，并在配重块的作用下将弹体从长臂中抛射出去。需要确定转动曲柄和装载弹体所需的力矩，并确定加载弹簧的位移、速度和力。

3.2.2 关键步骤

- 生成运动算例：这将是一个全新的运动算例。
- 应用摩擦：将摩擦添加

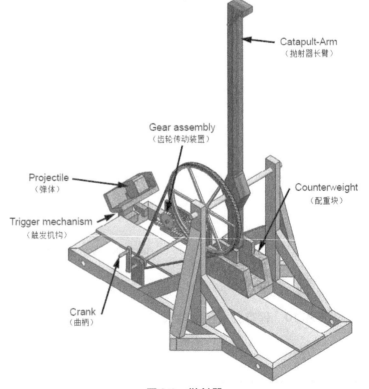

图 3-1 抛射器

至已有的配合中。

- 应用接触：将接触添加至动态零部件中。
- 添加弹簧：并不需要在运动仿真中使用弹簧模型，只需创建一个能以数学方式代表弹簧的运动单元。
- 应用引力：抛射器的操作是在标准重力环境下进行的。
- 计算仿真。
- 图解显示结果：将生成多个图解，以显示所需的力矩和能量。

扫码看视频

43

操作步骤

　　步骤 1　打开装配体文件　从文件夹"Lesson03\Case Study\Catapult"内打开"Catapult-assembly"装配体。

　　步骤 2　检查装配体　曲柄转动可以实现两个目的：一是通过传动带和带轮转动长臂；二是通过齿轮齿条触发并释放弹体，如图 3-2 所示。齿轮齿条传动包含 6 个齿轮和 1 个齿条，如图 3-3 所示。当齿条移动时，它将接触到触发机构并提升起零件"projectile holder door"，如图 3-4 所示。转动手摇曲柄可以看到这些配合是如何工作的。通过【撤销】 将曲柄设回初始位置。

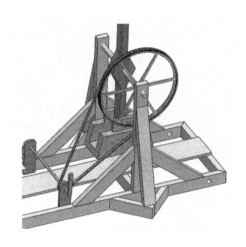

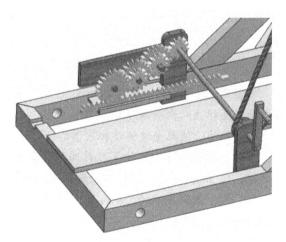

图 3-2　模型细节　　　　　　　　　　　图 3-3　齿轮齿条传动

　　步骤 3　确认文档单位　确认文档单位，应设定为【MMGS（毫米、克、秒）】。

　　步骤 4　生成运动算例　右键单击【Motion Study 1】选项卡，选择【生成新运动算例】。确保 MotionManager 中的【算例类型】设定为【Motion 分析】。

　　步骤 5　添加马达　为了转动曲柄，需要在手柄末端添加一个马达，本例希望在 3s 之内转动曲柄 2.75 圈。单击【马达】 ，在【马达位置】和【方向】选项中选择曲柄的边线，如图 3-5 和图 3-6 所示。

　　在【马达类型】中选择【旋转马达】，在【运动】中选择【距离】。在【位移】中输入 990°（2.75 圈×360°），在【持续时间】中输入 3.00s。单击【确定】 。

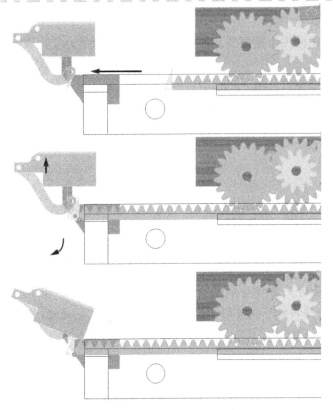

图3-4 齿条接触到触发机构

图3-5 定义马达

步骤6 禁用马达 马达转动3s之后，希望在弹体移至弹匣时抛射器保持在装填位置。之后需要松开马达，使配重块驱动抛射器。

整个仿真将运行5s，为了在时间栏上更加容易选择，在 MotionManager 的右下角单击【整屏显示全图】🔍，直到稍大于5s的范围覆盖了 MotionManager 的整个时间栏。

在 MotionManager 中选择"旋转马达1"。在时间栏的3.4s处单击右键，并选择【关闭】，如

图3-6 局部细节

图3-7 所示。这将在3.4s处生成一个键码来压缩此马达，使其在之后的时间内不产生任何影响。

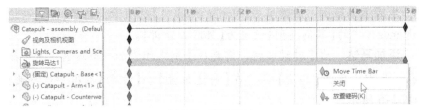

图3-7 禁用马达

技巧 如果用户将此键码放在了错误的位置，只需将它拖至3.4s处即可。

步骤7　设置运动算例属性　将【每秒帧数】设置为50。

步骤8　计算　单击【计算】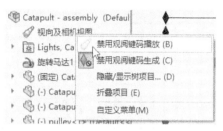。和预期的一样，马达在3s内转动曲柄2.75圈。3～
3.4s内，马达保持曲柄和长臂位置不变，处于
准备发射阶段，最终在3.4s时松开曲柄。由于
没有明确定义运动，机构在开始时发生的移动也
会超出预期。因此，必须在运动模型中再添加一
些关键单元。

步骤9　分析运动　在 MotionManager 中右
键单击【视向及相机视图】，并选择【禁用观
阅键码播放】，如图3-8所示。切换到前视图，
并放大装配体的左端。以慢动作再次播放该仿真，发现两个触发器会彼此穿过对方，如图
3-9所示。

图3-8　启用【禁用观阅键码播放】

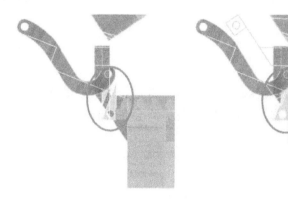

图3-9　运动分析

为了避免发生这种情况，必须在它们之间添加接触。在定义接触之前，将介绍一个用
于自动检查干涉的特征。

3.2.3　检查干涉

利用 SOLIDWORKS 的干涉检查工具虽然可以检查零部件之间的干涉，但却只能检查零部件
间静态位置的干涉。在 SOLIDWORKS Motion 中，用户可以在每个零部件的运动轨迹中进行干涉
检查。

知识卡片	检查干涉	快捷菜单：在 MotionManager 中右键单击顶层的零部件，并选择【检查干涉】。

步骤10　检查干涉　在 MotionManager 中右键单击 "Catapult-assembly"，并选择【检
查干涉】。选择两个触发器，单击【立即查找】。

步骤11　检查结果　两个触发器从第132帧（对应的时间是2.620s）开始发生干涉，
而且干涉一直持续到最后一刻，如图3-10所示。选择第一个干涉并单击【细节】，可以看
到干涉的详细信息，如图3-11所示。关闭【随时间延长查找干涉】对话框。

图 3-10　检查结果　　　　　　　　　　图 3-11　干涉细节

3.3　接触

　　多个实体或曲线之间可以定义接触来防止其相互穿透。本章只讲解如何定义实体间的接触，并讨论摩擦。对接触的定义及其参数更详细的讨论，将会在后面的章节进行。

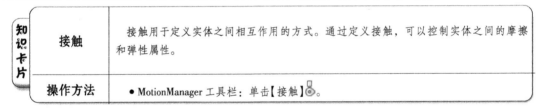

知识卡片	接触	接触用于定义实体之间相互作用的方式。通过定义接触，可以控制实体之间的摩擦和弹性属性。
	操作方法	● MotionManager 工具栏：单击【接触】。

　　步骤 12　添加接触　单击【接触】，选择两个 "Projectile holder trigger" 零件。

　　在【接触类型】中选择【实体】。除了摩擦外，保持所有接触参数为默认值，这些数值将在第 4 章重点讨论。

　　确认勾选了【材料】复选框，并将两个材料都设置为【Steel (Dry)】。

　　运行仿真时不考虑这两个零件之间的摩擦（取消勾选【摩擦】复选框），如图 3-12 所示。单击【确定】。

　　步骤 13　计算　单击【计算】。

　　步骤 14　检查触发器　通过运行仿真可以看到，齿条机构上的触发器将碰到 "Projectile holder door" 上的触发器，并将其压下。

图 3-12　定义接触 1

3.4　接触组

实体之间的接触可以通过多个单独的定义（每个定义仅用于两个实体），或一个（或几个）定义来包含所有实体。后者将考虑所有所选实体之间的接触，从而自动生成多个接触对。这个过程很容易定义，但要考虑到在获取所有接触对时，可能会对计算有较高的要求。

带接触组的接触定义会忽略组中零件之间的接触，但是会考虑跨组的所有成对实体之间的接触，可最多定义两个接触组。

知识卡片	使用接触组	接触组允许将接触的实体放入两个单独的组中。这两个组之间的所有接触组合都会被考虑。
	操作方法	• MotionManager 工具栏：单击【接触】🔗，在【选择】组框内勾选【使用接触组】复选框。

步骤 15　定义其他接触　还需要定义下列接触：

- Projectile-Projectile holder door。
- Projectile holder-Projectile。
- Projectile holder pusher-Projectile。

如果使用前面步骤中讲述的方法，将生成 3 个单独的定义。然而，在本例中只需使用一个接触组定义就能满足要求。

单击【接触】🔗，在【接触类型】中选择【实体】，在【材料】中选择【Steel (Dry)】，取消勾选【摩擦】复选框。在【选择】中勾选【使用接触组】复选框。

在【组 1】中选择 "Projectile"，在【组 2】中选择 "Projectile holder"、"Projectile holder door" 和 "Projectile holder pusher"，如图 3-13 所示。单击【确定】✔。

提示👆　PropertyManager 提示将在计算中考虑 3 个接触对。

图 3-13　定义接触 2

3.5　接触摩擦

当定义接触时，有 3 个取决于模型的摩擦选项可供使用：

- 静态摩擦[⊖]。
- 动态摩擦[⊖]。
- 无。

一旦用户决定了在接触中采用的摩擦类型，则必须评估其速度和摩擦因数。库仑摩擦力是基

⊖　即静摩擦。

⊖　即动摩擦。

于静摩擦因数和动摩擦因数这两个不同的因数计算的。

知识卡片	静摩擦因数	当物体处于静止时，静摩擦因数是一个常数，其值用来计算克服摩擦所需的力。
	动摩擦因数	动摩擦因数也是一个常数，其用来计算物体运动时的摩擦力。 在现实生活中，静摩擦的速度为零，但对于数值求解器而言（例如 SOLIDWORKS Motion），就需要指定一个非零数值以避免原点处的奇异性。零件在移动时速度由负变正，速度等于零时，力的大小不能立即由正值变为负值。 因此，图 3-14 显示了 SOLIDWORKS Motion 是如何解决此问题的，即用户在使用摩擦因数的地方指定一个静态和动态的转变速度。从图中可以看出，SOLIDWORKS Motion 拟合出了一条平滑的曲线来求解摩擦力。 图 3-14 中采用了接触中材料 "drysteel" 的默认摩擦参数： • 静摩擦速度⊖：$v_s = 0.102 \text{mm/s}$。 • 动摩擦速度⊖：$v_1 = 10.16 \text{mm/s}$。 • 静摩擦因数：0.3。 • 动摩擦因数：0.25。
	操作方法	• 【接触】的 PropertyManager：勾选【摩擦】复选框。

图 3-14 右侧为拟合曲线图：纵轴为 力/N，横轴为 速度/(mm/s)，标注 静态、动态，横轴刻度 0.102mm/s、10.16mm/s。

图 3-14　拟合曲线

步骤16　生成更多接触组　生成 "Projectile" 和 "Catapult-Arm" 两个零件之间的接触组。

在【材料】中选择【Steel（Dry）】，勾选【摩擦】复选框，取消勾选【材料】复选框，将【动态摩擦因数】和【静态摩擦因数】都更改为 0.15，如图 3-15 所示。单击【确定】✔。

提示👆　取消勾选【材料】复选框才能打开【摩擦】区域进行编辑。【弹性属性】中的接触特征取决于【材料】中的选择项。在第 4 章中将会讨论【弹性属性】。

图 3-15　定义接触 3

⊖ 设定值。

3.6　平移弹簧

平移弹簧表示在一定距离内沿特定方向作用在两个零件之间的与位移有关的力。

当定义弹簧时，用户能够很容易地改变力与位移的相关性，即通过从列表中选择函数类型将线性更改为其他预定义的关系，这使得用户可以选择力与位移的关系。SOLIDWORKS Motion 支持下列力与位移的关系：

x，x^2，x^3，x^4，$1/x$，$1/x^2$，$1/x^3$

用户可以指定弹簧在两个零件之间的位置。SOLIDWORKS Motion 是基于两个零件的相对位移来计算弹簧弹力、弹簧刚度以及自由长度的，如图 3-16 所示。

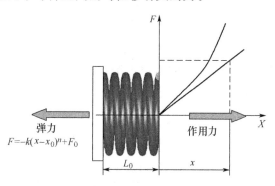

图 3-16　平移弹簧

当弹簧弹力为负值时，弹簧相对于自由长度而言处于拉伸状态。

提示 当因未指定方向而导致端点重合时，弹簧弹力会变得不确定。

弹簧弹力的大小与刚度和初始力有关，弹簧关系式为

$$F = -k(x - x_0)^n + F_0 \tag{3-1}$$

式中　x——定义弹簧的两个位置之间的距离；

k——弹簧的刚度系数(始终大于 0)；

F_0——弹簧的参考力(预载荷)；

n——指数(例如，如果弹簧弹力为 kx^2，则 $n = 2$。指数 n 的有效值有 -4、-3、-2、-1、1、2、3、4)；

x_0——参考长度(在预载荷下时，始终大于 0)。

- 正值的力会使两个零件产生排斥。
- 负值的力会使两个零件相互吸引。

提示 为了生成弹簧定义中并不支持的非线性力特性的弹簧，用户必须在输入非线性力方程式的情况下使用一组作用力和反作用力。

知识卡片	弹簧	在零部件之间可以添加线性和扭转两种弹簧。用户可以指定【弹簧力表达式指数(线性下至 ±4)】和【刚度系数】。
	操作方法	• MotionManager 工具栏：单击【弹簧】🗐。

3.7　平移阻尼

平移阻尼被视为一种阻抗单元，用来"消除"外力造成的振荡。通常情况下，阻尼和弹簧一起使用来"抑制"由弹簧产生的任何振荡或振动。

在现实中，实体乃至弹簧都内含结构阻尼，并且可以使用阻尼单元来表示。阻尼器所产生的力取决于两个确定端点之间的瞬时速度矢量。

提示 为了生成阻尼器定义中并不支持的非线性力特性的阻尼器，用户必须基于力的两个端点间的速度，在输入非线性力方程式的情况下使用一组作用力和反作用力。

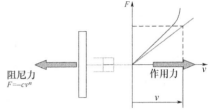

对平移阻尼单元而言，力的方程式预定义为 $F = cv^n$，其中 c 为预定义的阻尼系数，v 为两个端点之间的相对速度，n 为指数。例如，若阻尼力 $F = -cv^2$，则 $n = 2$（有效值为 -4、-3、-2、-1、1、2、3、4），如图 3-17 所示。

图 3-17 平移阻尼

知识卡片	阻尼	可以在机构的零部件之间添加阻尼。此外，线性和扭转这两种弹簧都可以具有阻尼属性，这样便将弹簧和阻尼结合在一起了。 和弹簧一样，用户可以指定弹簧力表达式指数（线性下至 ±4）和刚度系数。
	操作方法	● MotionManager 工具栏：单击【阻尼】。

步骤 17　添加弹簧　为了将弹体送至抛射器长臂，必须添加一根弹簧。弹簧将预先加载一个载荷以将弹体停留在闸门"Projectile holder door"的背面。当闸门下落时，弹体则被推入到位。

单击【弹簧】，并确认选择了【线性弹簧】类型。选择图 3-18 所示的两个面，设置【弹簧参数】以生成一个线性弹簧，设定【刚度系数】为 0.15N/mm，【自由长度】为 13.00mm。

勾选【阻尼】复选框，添加【阻尼常数】为 0.01N/（mm/s）。在【显示】组框中，设置【弹簧圈直径】为 4.00mm，【圈数】为 5，【线径】为 0.50mm，如图 3-19 所示。单击【确定】。

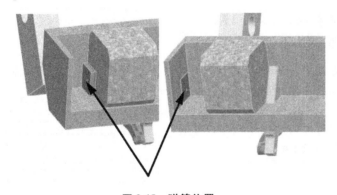

图 3-18 弹簧位置

图 3-19 定义弹簧

提示 在【显示】区域中输入的数值只用作图形参数。

步骤 18　计算　单击【计算】。当求解仿真时，弹体飞脱到空间，抛射器长臂没有发射，并且配重块也未保持水平。这是由于遗漏了一个关键要素——重力。

步骤 19　添加引力　单击【引力】，指定引力方向为 Y 轴负向。单击【确定】。

步骤20 计算 单击【计算】 。这次，抛射器长臂被摇下，直至到达装载位置，并被马达停留在此处。而触发器会将闸门打开，弹体在弹簧的作用下被推至抛射器长臂。在 3.4s 时马达停止工作，配重块在重力作用下摆动抛射器长臂并发射弹体。

3.8 后处理

现在仿真已经计算完毕，下面便可以针对一些感兴趣的参数来生成图解。

扫码看视频

步骤21 生成马达力矩图解 单击【结果和图解】 ，使用【力】、【马达力矩】及【幅值】定义该图解。在【旋转单元】中选择"旋转马达1"。单击【确定】 。

3~3.4s 存在振荡，如图 3-20 所示。这一内容将在第 4 章后处理中讨论，像这样的峰值一般都是近似的。

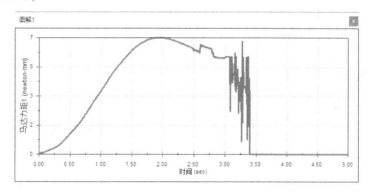

图 3-20 查看马达力矩图解

步骤22 生成弹簧位移图解 单击【结果和图解】 ，使用【位移/速度/加速度】、"线性位移"及【幅值】定义该图解。选择"线性弹簧1"作为模拟单元。单击【确定】 。

弹簧从 6mm 伸长到 13mm，如图 3-21 所示。在设定时，指定了弹簧未压缩的长度为 13mm。

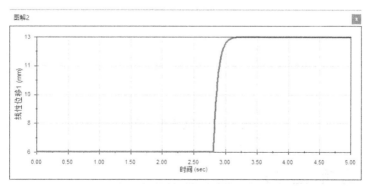

图 3-21 查看弹簧位移图解

步骤 23　生成弹簧速度图解　单击【结果和图解】，使用【位移/速度/加速度】、【线性速度】及【幅值】定义该图解。选择"线性弹簧 1"作为模拟单元。单击【确定】。从图 3-22 中可以看到，弹簧的最高速度约为 93mm/s。

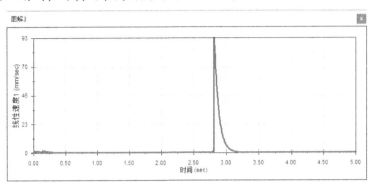

图 3-22　查看弹簧速度图解

步骤 24　生成弹簧弹力图解　单击【结果和图解】，使用【力】、【反作用力】及【幅值】定义该图解。选择"线性弹簧 1"作为模拟单元。单击【确定】。

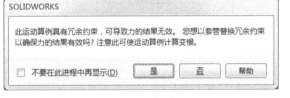

步骤 25　弹出警告　与第 2 章类似，此处将弹出关于冗余约束的警告，如图 3-23 所示。冗余约束可能对配合力（机械连接且配合中的力是由配合定

图 3-23　警告

义的）产生很大影响，这将在后续的课程中讨论。在此机构中得到的合力是正确的，单击【否】。

步骤 26　检查图解　从图解中可以看到最大的弹簧力为 1N，还可以看到弹簧推动弹体的时间仅为 0.1s，如图 3-24 所示。

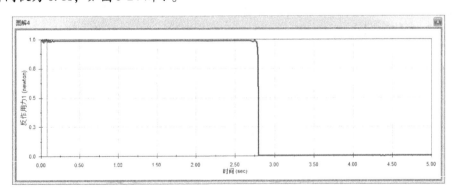

图 3-24　查看弹簧力图解

3.9　带摩擦的分析（选做）

在这一部分中将研究接触摩擦对弹体运动的影响。下面将使用刚完成的算例在弹体和弹匣之间添加摩擦。

52

步骤 27　复制算例　复制现有的运动算例，并将其重命名为"Larger Friction"。

步骤 28　添加摩擦　编辑包含弹体"Projectile"和弹匣"Projectile holder"的接触组。勾选【摩擦】复选框，保留材料【Steel(Dry)】的默认值。

步骤 29　设置运动算例属性　单击【运动算例属性】⚙，将【每秒帧数】设为 100。单击【高级选项】按钮，将【积分器类型】更改为【WSTIFF】。单击【确定】✔。

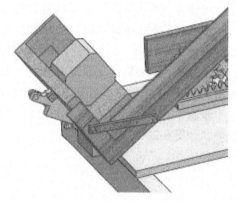

提示　在第 4 章将讨论积分器。

步骤 30　运行仿真　单击【计算】。

步骤 31　动画显示结果　单击【播放】▶。从动画中可以发现，由于增加了摩擦，弹体不会滑入抛射器长臂中，如图 3-25 所示。

步骤 32　保存并关闭文件

图 3-25　动画显示

练习 3-1　甲虫

在本练习中，将使用一个带振荡马达的机械甲虫来演示摩擦对零件运动的影响，如图 3-26 所示。在练习中将运行两次算例，第一次不考虑摩擦，第二次则考虑摩擦。

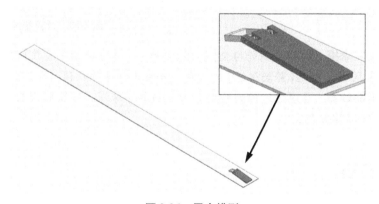

图 3-26　甲虫模型

本练习将应用以下技术：
- 接触摩擦。

操作步骤

步骤 1　打开装配体文件　从文件夹"Lesson03\Exercises\Bug-Friction"内打开装配体文件"Bug Assembly"。该装配体包含一块平板和一个由两个薄片构成的机械甲虫。本练习的目的是通过腿部零件"Leg"的运动，使甲虫沿着平板移动。在躯体零件"Base"和平板的中心基准面之间存在【重合】配合，这保证甲虫可以沿着平板的中心线持续移动下去。

扫码看视频

步骤2　查看文档单位　单击【工具】/【选项】/【文档属性】/【单位】，确认在【单位系统】中选择了【MMGS（毫米、克、秒）】。

步骤3　新建算例　新建一个运动算例，确认选择了【Motion 分析】。

步骤4　添加引力　在 Y 轴负方向添加引力。

步骤5　添加接触　使用接触组，在 "Plane" 和甲虫的两个零件（"Leg" 和 "Base"）之间添加实体接触。在【材料】中选择【Rubber（Dry）】，不勾选【摩擦】复选框。

步骤6　添加马达　在腿部零件 "Leg" 处添加一个振荡的旋转马达。定义马达时选择图 3-27 所示的边线，设置马达以 5Hz 的频率和 30° 的角位移进行移动。

步骤7　计算　计算 2s 内的运动。马达能够正确振荡，但由于没有摩擦，甲虫未发生移动，如图 3-28 所示。

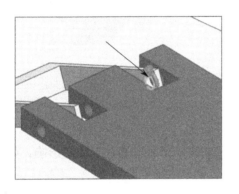

图 3-27　定义马达

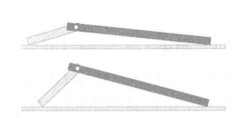

图 3-28　计算结果

步骤8　添加摩擦　编辑接触并勾选【摩擦】复选框，将【动摩擦因数】设定为指定材料【Rubber（Dry）】的值。勾选【静态摩擦】复选框，并使用默认的数值。

步骤9　重新计算　计算 20s 内的运动。由于添加了摩擦，甲虫将沿着平板移动。

步骤10　保存并关闭文件

练习 3-2　闭门器

在学校或办公室等公共建筑设施内的门上，通常装有闭门器，以确保门在打开后会自动关闭。为了保证门不被过快地关闭和撞击，在闭门器的内部添加了一个弹簧阻尼，如图 3-29 所示。

项目分析

在本练习中，将使用 MotionManager 为闭门器添加一个内部弹簧和阻尼，然后使用 SOLIDWORKS Motion 来生成图解，以显示弹簧和阻尼对门的运动所产生的影响，并通过调节参数来达到所需的结果。

本练习将应用以下技术：

● 平移弹簧。

● 平移阻尼。

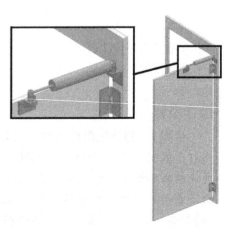

图 3-29　闭门器

操作步骤

步骤 1 打开装配体文件

从文件夹 "Lesson03 \ Exercises \ Door closer" 内打开装配体文件 "door"。

步骤 2 查看文档单位 单击【工具】/【选项】/【文档属性】/【单位】，

扫码看视频

确认在【单位系统】中选择了【MMGS（毫米、克、秒）】。

步骤 3 新建算例 新建一个运动算例，并确认选择了【Motion 分析】。

步骤 4 创建线性弹簧 使用图 3-30 所示的圆形边线，在 "gas-piston" 和 "gas-cylinder" 之间定义一个线性弹簧。用户必须选择边线而不是表面，否则程序不会识别中心。弹簧必须与圆柱对齐。

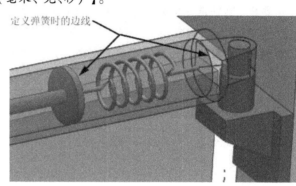

定义弹簧时的边线

图 3-30 定义弹簧

将【弹簧常数】设定为 1N/mm，【自由长度】设定为 180mm，【阻尼常数】使用 5N/（mm/s）。在【显示】的 PropertyManager 中输入合适的数值。单击【确定】。

> 提示 可以更改闭门器中 "gas cylinder" 的透明度，以便于选取定义线性弹簧的内部零件。

> 提示 弹簧弹力会导致门突然关闭，使用阻尼则可以避免此情况发生。

步骤 5 运算运动分析 运算 40s 内的运动。

步骤 6 图解显示门的速度 生成一个图解，以显示门（质量中心）的速度大小。注意到门在穿过门框、完全停止前关闭得太快（在 24s 之内），如图 3-31 所示。

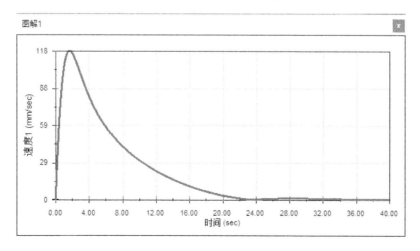

图 3-31 查看门的速度图解

由于不希望关门如此快速，而且也不想让门穿过门框并从反方向打开，需要重新定义弹簧和阻尼常数。

步骤7　复制算例

　　也可以简单地在刚生成的运动算例中修改这些常数。为了对比两组常数设置的结果，此处将复制初始的运动算例，并在复制的算例中进行修改。

步骤8　重新定义带阻尼的弹簧　将【弹簧常数】的数值从 1.00N/mm 提高至 2.00N/mm。将【阻尼常数】的数值从 5.00N/（mm/s）提高至 10.00N/（mm/s）。

步骤9　计算运动分析　计算并图解显示门的速度，如图3-32所示。

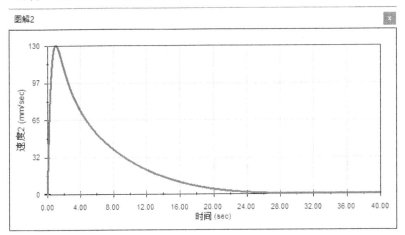

图3-32　查看修改阻尼后门的速度图解

步骤10　对比结果　单击刚完成的任意一个运动算例，对比这两个算例的结果，可以观察到在第二个算例中，门关闭的速度较慢，并且在没有穿过门框的情况下完全停止。

从两个仿真的数据来看，选择恰当的弹簧和阻尼常数，可以使门按预期关闭，而不会产生突然关闭并撞击的现象。

第4章 实体接触

 学习目标
- 理解实体接触的定义及几何描述
- 使用表达式来指定力和马达的大小
- 分析某些不正确解决方案或接触解决方案失败的原因
- 使用替代的数值积分器

4.1 接触力

本章的目的是熟悉实体接触的定义并了解它们的局限性，并在 SOLIDWORKS Motion 中学会使用接触。通过利用各种表达式来指定位移和其他算例特征，可以获得搭扣锁被锁上时的接触力以及关闭搭扣锁需要的力。本章中还将讨论接触力的精度。

4.2 实例：搭扣锁装置

在此装配体中，一个中心锁扣将用于固定住零件"Carriage"，以免被弹簧顶开，如图4-1所示。

4.2.1 问题描述

对于此锁紧机构，需要确定：
- 当搭扣锁关闭时，搭杆"Spring Lever"和锁扣"Keeper"所产生的接触力。
- 关闭搭扣锁所需的力。

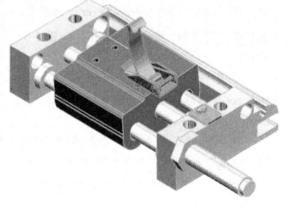

图4-1 搭扣锁装置

操作步骤

步骤1 打开装配体文件 打开文件夹"Lesson04\Case Study\Latching mechanism"内的装配体文件"Full Latch Mechanism"。

步骤2 检查装配体 装配体包含几个配合，但并不是所有零部件都有足够的配合，以使零部件能够基于最终装配体的机械运动而移动。零件"Carriage"与中轴具有同轴的关系，并可以绕中轴转动。搭扣锁的3个零部件"knurled_pin""spring"和"Series Lever"在横向没有约束，如图4-2所示。

步骤3 确认单位 确认文档单位为【MMGS(毫米、克、秒)】。

扫码看视频

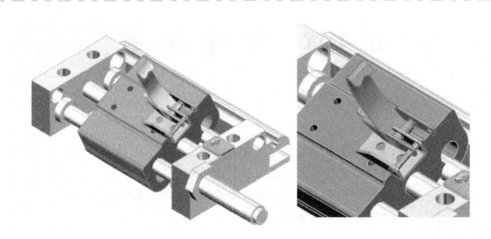

图 4-2　检查装配体

步骤4　新建运动算例　将算例命名为"Latch Forces"，设置【分析类型】为【Motion 分析】。

步骤5　使搭扣锁居中　单击【配合】🔗。在"Base"和"Series Lever"的前视基准面之间添加【重合】⼈配合，如图 4-3所示。

这是一个本地配合。如果在 Motion-Manager 中选择【模型】选项卡，则"Series Lever"仍然可以移动。

用户可以添加另外一个配合来约束"J_Spring"的运动。在下面的步骤中，将使用一种替代方法来约束自由零件的运动。

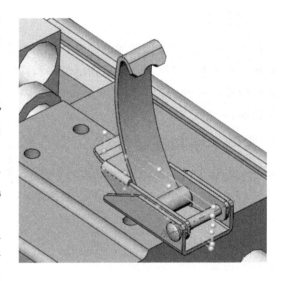

图 4-3　使搭扣锁居中

4.2.2　使用马达限定运动

添加配合的另一种方法是添加马达。虽然使用这种方法的优势可能不会马上体现，但为了演示此方法将在本运动模型中使用它。

使用马达来代替配合的原因之一是它不会对运动模型带来其他多余的约束，这有助于减少冗余约束的数量。冗余约束将在"第9章　冗余"中讲解。

步骤6　限制搭杆的线性位移　单击【马达】🞝，在【马达类型】中选择【线性马达（驱动器）】。选择图 4-4 所示的表面定义马达。在【运动】下方选择【距离】，并设定为 0mm。设置【开始时间】为 0.00s，【持续时间】为 3.50s，如图 4-4 所示。单击【确定】✔。

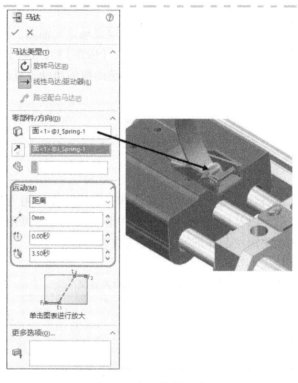

图 4-4 定义线性马达

步骤 7 限制"Carriage"转动 单击【马达】，在【马达类型】中选择【旋转马达】。选择图 4-5 所示的边线定义马达。在【运动】下方选择【距离】，并设定为 0°。设置【开始时间】为 0.00s，【持续时间】为 3.50s。仿真将运算 3.5s 内发生的动作，因此该马达将在整个仿真中阻止"Carriage"转动。单击【确定】。

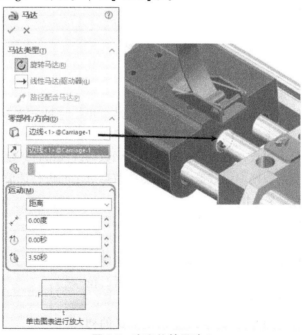

图 4-5 定义旋转马达 1

4.2.3 马达输入和力输入的类型

SOLIDWORKS Motion 允许用户以多种不同的方式设置马达的输入。前面的章节中使用了【等速】、【距离】和【数据点】，此外还可以选择【表达式】、【振荡】和【线段】。

【表达式】可用于定义一个轮廓，此轮廓在各种数学函数的协助下支配马达运动。

4.2.4 函数表达式

用户可以使用函数表达式来定义以下项目的输入大小：

- 马达。
- 力。

函数可能取决于时间或其他系统数据（例如位移、速度、反作用力）的状态。函数可以由简单常数、运算符号、参数，以及诸如步进（STEP）和谐波（SHF）等可用的求解器函数进行任意的有效组合而成。函数和相关语法的详细列表请参考在线帮助。

常用的函数及其定义见表 4-1。

表 4-1 常用的函数及其定义

函数	定义	函数	定义
ABS	绝对值(a)	MIN	a1 与 a2 中的最小值
ACOS	反余弦(a)	MOD	a1 除以 a2 的余数
AINT	不大于(a)的最接近整数	SIGN	将 a2 符号转移到 a1 量值
ANINT	(a)的最接近整数	SIN	正弦(a)
ASIN	反正弦(a)	SINH	双曲正弦(a)
ATAN	反正切(a)	SQRT	a1 的平方根
ATAN2	反正切(a1,a2)	STEP	平滑后的步进函数
COS	余弦(a)	TAN	正切(a)
COSH	双曲余弦(a)	TANH	双曲正切(a)
DIM	a1 与 a2 的正差	DTOR	角度换算成弧度的换算因子
EXP	e 的(a)次幂	PI	圆周率
LOG	自然对数(a)	RTOD	弧度换算成角度的换算因子
LOG10	以 10 为底的对数(a)	TIME	当前仿真时间
MAX	a1 与 a2 中的最大值	IF	定义一个函数表达式

4.2.5 力的函数

定义力时可以用到以下 6 种类型的力的函数：

- **常量**：设置一个常数。
- **步进**：通过初始值、开始步长时间、最终值和结束步长时间定义一个步长。
- **谐波**：通过幅度、频率、平均数和相移定义此值。
- **线段**：通过线性、多项式、半正弦或其他常用函数的线段组合来定义此值。
- **数据点**：从数据点的表格取得数值，并在这些数据点之间进行插值，得到一条样条曲线。
- **表达式**：使用公式定义此值。

4.3 步进函数

步进函数规定了在两个数值(例如位移、速度、加速度或力的大小)之间具有平滑过渡的给定数量。在过渡前后，位移、速度或加速度的大小是常数。

例如，考虑图 4-6 中的示例，其中，d_0 代表位移的初始值，d_1 代表位移的最终值，t_0 代表开始步长的时间，t_1 代表结束步长的时间。

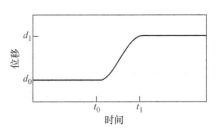

图 4-6 步进函数

步骤8 生成旋转马达以驱动搭扣锁 隐藏 "J_Spring" 零件。单击【马达】 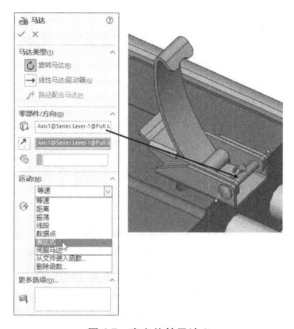。在【马达类型】中选择【旋转马达】。在【马达位置】或【马达方向】的任意一个选项中选择 "Series Lever" 的 "Axis1"，如图4-7所示。此马达将模拟人手操作 "Series Lever" 来进行开锁和闭锁的动作。

在【运动】区域选择【表达式】，这将打开【函数编制程序】对话框。

图4-7 定义旋转马达2

步骤9 创建马达表达式 在【函数编制程序】对话框中，确认选择了【表达式】按钮。输入类型处选择【数学函数】，双击{STEP(x,x0,h0,x1,h1)}，以插入该步进函数。修改此函数表达式为 "STEP(Time,0,0,1,90)"。最终完成的表达式形式为 "STEP(Time,0,0,1, 90) + STEP(Time,1.5,0,3,−90)"，如图4-8所示。

> **提示** 变量 TIME 可以直接输入，也可以更改输入类型为【变量和常量】，然后双击【TIME】。

> **提示** 【函数编制程序】对话框将自动更新位移、速度、加速度和猝动的图解。

单击【确定】，完成对表达式的定义并关闭【函数编制程序】对话框。单击【确定】 ✓，完成对【马达】特征的定义。

> **提示** 上面的表达式组合了两个步进函数。
>
> 第一个步进函数将使零部件 "Series Lever" 在 0~1s 转动90°，然后保持竖直的位置0.5s，直到1.5s。
>
> 在1.5s处，添加了第二个步进函数，即在1.5~3s将旋转位移改为0。
>
> 两个函数及其组合("Series Lever" 的最终运动)如图4-9所示。

61

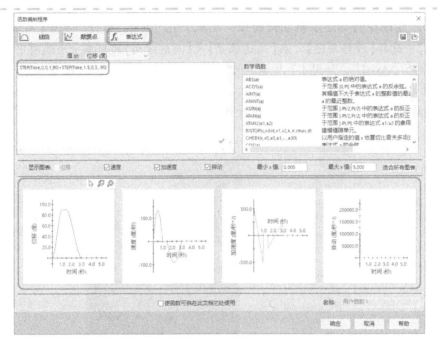

图 4-8 【函数编制程序】对话框

步骤 10 定义弹簧和阻尼 现在需要定义一个带阻尼的弹簧，以产生拉力将搭扣锁拉紧。单击【弹簧】，选择【线性弹簧】，将【弹簧常数】设定为 10.00N/mm，并在图 4-10 所示的位置创建弹簧。弹簧的自由长度将自动添加到【自由长度】选项中。

保持【自由长度】的默认值。勾选【阻尼】复选框，指定大小为 0.10N/（mm/s）。单击【确定】。

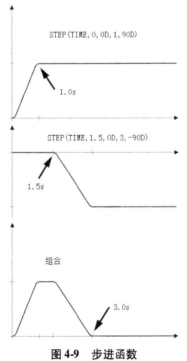

图 4-9 步进函数

图 4-10 定义弹簧和阻尼

4.4　接触：实体

SOLIDWORKS Motion 在两个或多个实体间以及两条曲线（一个接触对）之间定义了接触。在定义实体之间的接触时，无论用户选择了零件的哪种特征，其对应的实体都将被选定，并用于接触分析。在求解过程中，软件将在每一帧计算零件干涉的边界框。一旦边界框发生干涉，则会在两个零件之间进行更加精细的干涉计算，而且会从干涉部分的重心计算冲击力并应用到两个实体中。这一过程的原理如图 4-11 所示。

图 4-11　接触原理

在了解 SOLIDWORKS Motion 如何处理接触之前，必须重申此模块的最初假定：所有参与运动仿真的零件都是刚体。接触条件用于模拟两个或更多碰撞零件（现实生活中并不是刚性的）的撞击。几乎无一例外的是，所有冲击将产生相对高的速度，从而导致弹塑性变形，并伴有严重的局部应变，而且局部几何体（接触区域的几何体）也会发生显著变化。因此，有必要使用近似方法。

SOLIDWORKS Motion 允许使用两种不同的方法来定义接触参数：冲击属性（冲击力模型）和恢复系数（泊松模型）。

4.4.1　恢复系数（泊松模型）

恢复系数（泊松模型）：基于对恢复系数 e 的使用，关系式定义如下

$$v_2' - v_1' = e(v_1 - v_2) \qquad (4-1)$$

式中　　v_1 和 v_2——球体撞击前的速度；
　　　　v_1' 和 v_2'——球体撞击后的速度。

恢复系数的边界值为 $(0,1)$，其中 1 代表完全弹性的撞击，即没有能量损失；而 0 代表完全塑性撞击，即零件在撞击后黏附在一起，并且最大可能的能量已经损失，如图 4-12 所示。

恢复系数与几何体有关，图 4-12 中使用的球体仅用于演示。

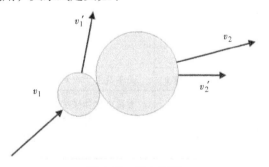

图 4-12　撞击模型

泊松模型不需要指定阻尼系数（冲击力模型需要，这将在后面进行讨论），并且对能量耗散计算准确。因此，若关注仿真中的能量耗散，推荐使用此模型。同样，确定泊松模型的参数"恢复系数 e"比确定冲击力模型中的参数更加直接。在很多情况下，可以使用标准化的方法来测量恢复系数（参考 ASTM F1887-98 Standard Test Method for Measuring the Coefficient of Restitution (COR) of Baseballs and Softballs），也可以通过多种表格进行查找。

此模型不适合用于持续撞击（接触在长时间内发展的碰撞），在持续撞击情况下应该使用冲击力模型。

4.4.2　冲击属性（冲击力模型）

冲击属性（冲击力模型）：SOLIDWORKS Simulation 中的冲击属性允许使用式（4-2）来计算接触力

$$F_{\text{contact}} = k(x_0 - x)^e - cv \qquad (4\text{-}2)$$

式中　k——接触刚度；

　　　e——弹力指数；

　　　c——阻尼系数，$c_{\max}$ 为最大可能的阻尼系数。

与恢复系数相同，这些参数同时与材料和几何体相关，而且无法在材料表中找到。下面将更加详细地描述冲击力模型的参数。

知识卡片		
接触刚度 k	一种准确定义刚度的可行方案是在 SOLIDWORKS Simulation 软件中创建接触配置，然后在冲击的方向任意添加作用力并求解位移，之后便可以很容易地从力的大小和位移中获得刚度。图 4-13 展示了在 SOLIDWORKS Simulation 软件中两个球体的碰撞配置划分网格的效果。用户可以在各种工程书籍中找到弹性方案。计算接触刚度 k 十分复杂，所以必须使用简化方法。 图 4-13　网格效果	
弹力指数 e	此参数用于控制在弹力中非线性的程度。当 $e=1$ 时，表明构建了一个线性的弹力。	
阻尼系数 c 和穿透度 d	当两个物体碰撞变形时，一部分动能会因塑性变形、发热或类似的现象而消耗。采用高级材料模型时，这些值近似地由非线性动力学方法（例如上面关于两个球的问题）得到。然而，这里必须要使用简化方法，假定阻尼系数（一种消耗能量的量度）在达到特定变形时从 0（冲击的开始时刻）增加到最大值 $c_{\max}$，将这个变形值称为穿透度 d。对于任何大于穿透度 d 的变形，阻尼系数为常数并等于 $c_{\max}$。最大阻尼系数 $c_{\max}$ 的典型值为接触刚度 k 的 $0.1\% \sim 1\%$。	

很明显，要想得到上述参数是比较困难的，因此必须引入有效的简化方法。上面得到的推论是，碰撞特征（冲击力、碰撞区域的加速度等）的解只能是近似的。它们的精确解只能借助更加高级的计算方法来确定，例如使用 SOLIDWORKS Simulation Premium 非线性动力学模块的解决方案，但这对计算而言要求很高。

需要注意的是碰撞区域的"冲击力"和"加速度"这些术语代表接触开始的接触数值，接触的同时将产生极大的减速力，也就是冲击或碰撞。碰撞持续的时间通常非常短暂。一定时间之后，当冲击或碰撞的零部件相互接触且解决方案的动力学特征不再重要时，接触力是很准确的，并可以通过 SOLIDWORKS Motion 获取。本章最后将演示这些内容。

　　总之，如果运动仿真的一个重要目的是获得冲击数据（冲击力、碰撞区域的加速度等），则需要花费一定的时间来获取上述参数，或者必须使用更高级的分析模型。通常情况下，用户对碰撞区域的精确结果不感兴趣，而是要确定大型系统的运动或动力属性。然后将近似值用于接触特征，可以有效地进行系统运动学和动力学的精确求解。

　　为了帮助用户得到冲击属性，SOLIDWORKS Motion 的接触库给出了一些接触材料配置（注意其中没有明确定义几何体）的近似值。如果用户使用的零件材料成分与库中的类似，则可以在接触中使用这些数值作为基准。但如果需要得到更精确的冲击结果，则必须输入准确的冲击参数。

　　步骤 11　定义 "latch" 和 "latch keeper" 之间的接触　单击【接触】📛，在【接触类型】下方选择【实体】，选择锁臂 "J_Spring"、锁杆 "Lever" 和锁扣 "Keeper"。

　　勾选【材料】复选框以允许用户指定冲击参数。从两个材料的下拉列表中都选择【Steel (Dry)】。保持【摩擦】复选框的勾选状态，并保留其默认值，如图 4-14 所示。

　　这里要模拟两个硬金属的撞击，使得冲击更加真实。上面已经讨论过接触的弹性属性只是近似值。更真实的数值需要用到接触区域的解决方案（接触区域的可靠接触力和加速度）。单击【确定】✔。

　　步骤 12　定义引力　单击【引力】🏋，在 X 轴负方向定义引力。单击【确定】✔。

　　步骤 13　定义运动算例属性　单击【运动算例属性】⚙，确认【每秒帧数】设定为默认值 25。将【3D 接触分辨率】的滑块移至最左侧，即设置为最低分辨率，如图 4-15 所示。单击【确定】✔。

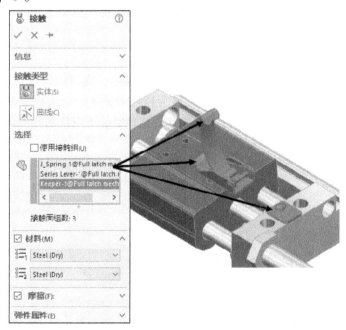

图 4-14　定义接触

图 4-15　定义运动算例属性

> **提示** 接触分辨率参数将在后续章节讨论。用户可以设置不同的接触分辨率来查看其效果。

步骤 14 运算 3.5s 内的仿真 拖动时间栏键码至 3.5s 处，单击【计算】📊。

求解可能会过早失败，错误窗口将显示几条消息，这些内容会在后面的步骤中讨论。

同时，如果解算器持续运行到 3.5s，则接触的结果可能不精确，如图 4-16 所示。导致这种结果的原因可能有以下几种：

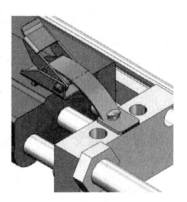

图 4-16 仿真报错

• 积分器（解算器）的时间步长太大，在这种情况下，可能无法检测到接触。

• 精度设置得太高或太低。

• 接触的几何描述不充分。

对本例而言，是最后一种原因导致了结果不正确。

4.5 接触的几何描述

SOLIDWORKS Simulation 有两种方式来处理接触实体的几何体。

4.5.1 网格化几何体（3D 接触）

接触实体的表面被划分为多个三角形的网格单元来简化外形描述。网格的密度（即接触几何分辨率）由算例属性中的【3D 接触分辨率】控制。因为这种描述非常有效，而且通常情况下也足够准确，所以网格化几何体是系统的默认选择。但过于粗糙的描述可能产生不准确的结果，甚至可能无法捕捉到接触，这也是本例求解失败的原因。

4.5.2 精确化几何体（精确接触）

如果网格化几何体的描述不能解决问题（求解不充分或不能得到解），则可以勾选【使用精确接触】复选框，系统将采用物体表面的精确描述。由于这是最为精确的描述，会占用较多的计算机资源，因此需要谨慎使用。如果用户接触实体的特征较复杂或处理类似于点状的几何体时，请使用此选项。

图 4-17 显示了两种不同水平分辨率下的网格化几何体和精确化几何体。

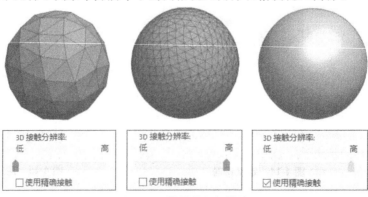

图 4-17 接触的几何描述

步骤 15 **修改算例属性** 提高网格化几何体的精度。单击【运动算例属性】⚙，移动【3D接触分辨率】的滑块至最右侧，如图4-18所示。单击【确定】✔。

提示✋   由于使用了近似的接触描述方式，求解失败可能源于欠收敛。

步骤 16 **运算仿真** 仿真可能会失败，并显示"解算器未收敛"的消息。可能的原因及解决方法如下：

1) 解算器无法达到指定的精度。降低 Motion 分析属性中的精度。

2) 如果模型中的零件快速移动，应提高评估雅可比值的频率。

3) 机构可能被锁定。以不同的初始配置开始模拟或者更改马达设置以获得有效的运动。

4) 如果在模拟开始时出现故障，可使用较小的初始积分器步长。

5) 尝试使用更严格的积分器，如"WSTIFF"。

6) 尝试在模型中避免激烈断续性，如突然运动变化、力变化或启用/禁用配合。

7) 如使用速度极高的马达，可尝试降低马达的速度。

8) 确保任何时候只有一个马达在驱动某一零部件。

本例仿真失败的原因可能有两个：第一个是条目1，即解算器无法达到指定的精度，下面将尝试降低精度。

第二个是条目2，如果零件移动得太快，雅可比值的验算应该进行得更频繁。若雅可比值已经设置为其最大值，则可以通过在【运动算例属性】/【高级选项】中减小【最大积分器步长大小】来达到此目的。

由于求解不稳定而导致锁臂通过中点时，便宣告求解失败。

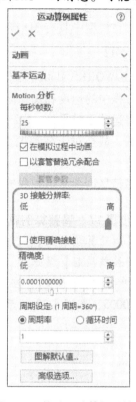

图 4-18 修改运动算例属性1

4.6 积分器

一组耦合的微分代数方程式(DAE)定义了 SOLIDWORKS Motion 中的运动方程，这些方程的解可以通过对这些微分方程进行积分而获得，这些解在每个时间步长内也能够满足代数约束方程。求解的速度取决于这些方程中数值的刚度，方程的刚度越大，则求解越慢。

当高频和低频特征值之间范围较大，且在高频特征值被过阻尼时，一组常微分方程被定性为在数值上是刚性的。由于求解微分方程的常规方法运算效率低下且相当耗时，所以需要特殊有效的积分法来求解数值为刚性的微分方程。

SOLIDWORKS Motion 解算器提供了三种刚性积分法来计算运动。

4.6.1 GSTIFF

GSTIFF 积分器由 C. W. Gear 开发，它是一种变量阶序、变量步长大小的积分方法。这是 SOLIDWORKS Motion 默认的解算器。当为各种运动分析问题计算位移时，使用 GSTIFF 积分器是快速且精确的。

4.6.2 WSTIFF

WSTIFF 是另一种变量阶序、变量步长大小的刚性积分器，它与 GSTIFF 在公式和行为方面非常相似，两者都使用了向后差分的公式。唯一的区别在于 GSTIFF 中内部使用的系数是基于恒定步长的假设计算得到的，而在 WSTIFF 中这些系数是步长的函数。在积分的过程中如果步长突然改变，GSTIFF 在求解过程中将会有一个小的误差，而 WSTIFF 可以在不损失任何精度的情况下解决这个问题。因此在 WSTIFF 中问题可以处理得更加平顺。当存在不连续的力、不连续的运动或诸如在模型中具有 3D 接触等突发事件时，都会发生步长大小的突然改变。

4.6.3 SI2

SOLIDWORKS Motion 中提供的 SI2 积分器是 GSTIFF 积分器的变体。该积分器可以更好地控制运动方程中的速度和加速度的误差。

如果运动足够平稳，SI2 得到的速度和加速度结果比使用 GSTIFF 或 WSTIFF 所得到的结果要更加精确，甚至对于高频振荡运动也是如此。SI2 对于较小步长的计算也更加精确，但是速度较慢。

更多信息请参阅本教程的"附录 A"。

步骤 17 调整算例属性 此处将降低精度，以便让解算器能够处理跨过中心时的解。单击【运动算例属性】，设置【每秒帧数】为 200，以保存更多的实例数据到硬盘上，勾选【使用精确接触】复选框。将【精确度】降至 0.001，如图 4-19 所示。

单击【高级选项】，在【积分器类型】中选择【WSTIFF】，并将【最大积分器步长大小】降至 0.0005，如图 4-20 所示。

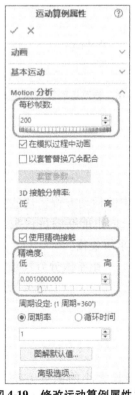

图 4-19 修改运动算例属性 2

图 4-20 【高级 Motion 分析选项】对话框

单击【确定】，以关闭【高级 Motion 分析选项】对话框。单击【确定】✔️，关闭【运动算例属性】对话框。【精确度】和【最大积分器步长大小】中的参数对接触解具有重要影响，而且应该在求解出错时首先修改。想要了解更多关于高级 Motion 分析选项、积分器和其他选项的内容，请参阅"附录 A"。

步骤 18　运算仿真　单击【计算】▦。这次仿真将可以运算至结束，但可能需要几分钟才能完成。

步骤 19　播放动画　播放动画并放大搭扣锁机构。当锁闭合时会有一个小的振动，这是因为能量还没完全衰减。在物理模型中不会发生这种现象，这表明可以提高此仿真中的阻尼数值，以更加贴切地模拟真实的情况。

4.7　失稳点

失稳点可以定义为自平衡结构不运动，但在任何一个方向的一次小扰动将会导致急速运动的情况，而且在运动过程中，储存的弹性能量将快速转换为动能。这样的情况很难通过数学方法解决。这个点的解是特定的，并且解算器也会考虑到这些问题。另外，请注意完成计算所需的时间。

扫码看视频

步骤 20　图解显示接触力　图解显示锁杆和锁扣之间的接触力。单击【结果和图解】▦，使用【力】、【接触力】及【幅值】定义一个图解，按图 4-21 所示的样式选择两个表面。

🔑 **技巧**　为了便于选择表面，可将时间栏移至图 4-21 所示的零部件位置。

图 4-21　接触位置

步骤 21　查看图解　从图 4-22 中可以观察到有极大峰值的剧烈振动。这个时间段(2.85～3.5s)对应着闭锁时发生的轻微振动，这已经在步骤 19 中进行过讨论。每个峰值都对应着一个冲击(或碰撞)力，冲击力的大小则取决于接触刚度的特性。由于这些都是高度近似的值，在这个时间段内的冲击力峰值应当被忽略。

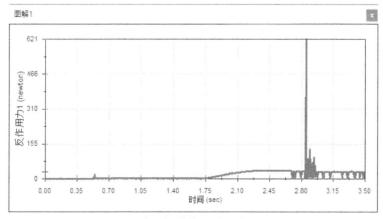

图 4-22　查看锁杆和锁扣的接触力图解

4.8　修改结果图解

在默认生成的图解中，X 轴表示仿真持续的时间，Y 轴表示按比例缩放到图中所绘制变量的最大值。然而，用户有时想以不同的方式来生成图解。

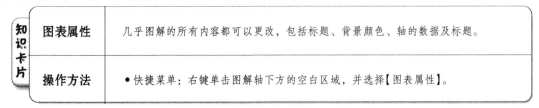

知识卡片	图表属性	几乎图解的所有内容都可以更改，包括标题、背景颜色、轴的数据及标题。
	操作方法	●快捷菜单：右键单击图解轴下方的空白区域，并选择【图表属性】。

步骤22　修改图解　右键单击图解的 X 轴，并选择【轴属性】，弹出【格式化轴】对话框后切换到【比例】选项卡。取消勾选【终点】复选框，并在其右侧的文本框中输入"3"，以此作为 X 轴终点，如图 4-23 所示。使用相同的步骤，将 Y 轴的最大值改为"150"。

步骤23　查看图解　如图 4-24 所示，在 0.5s（点 1）处看到一个顶点，这是"spring"触及"carriage"的时刻。由于这个顶点太过尖锐，而且本例中的接触力是一个冲击（或碰撞）力，因此不清楚该数据到底有多高的精度。这就需要精确的接触弹性参数和更多的数据点来获得更高的精度，以更好地理解这种冲击力。

在 2.5s（点 2）稍稍靠前的位置，当搭扣锁到达中心点时，可

图 4-23　修改图解

以看到最大的接触力约为 36N。这个结果是可靠的，它对接触参数的依赖度远小于点 1 处。

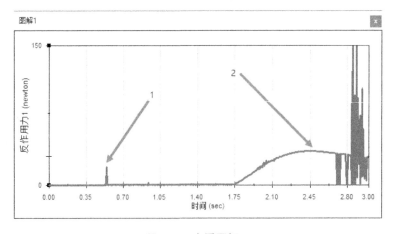

图 4-24　查看图解 1

步骤24　**定义数据点**　右键单击曲线并选择【曲线属性】，弹出【格式化图解曲线】对话框，切换到【标记】选项卡。选中【符号】单选按钮并单击【确定】，如图4-25所示。

步骤25　**查看图解**　将光标移至数据点上方，在2.48s处显示的标注为最大值36N，如图4-26所示。

步骤26　**图解显示闭锁力矩**　新建图解，使用【力】、【马达力矩】及【幅值】定义此图解。选择闭锁用的旋转马达作为模拟单元，如图4-27所示。

从图中又一次观察到在约2.85s后出现了类似的峰值，这里应该忽略这些峰值，理由已经在前面的步骤中讲述。

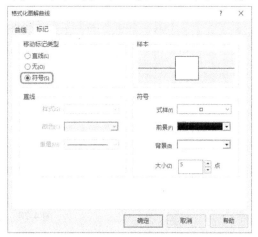

图4-25　【标记】选项卡

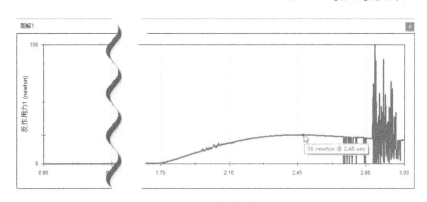

图4-26　查看图解2

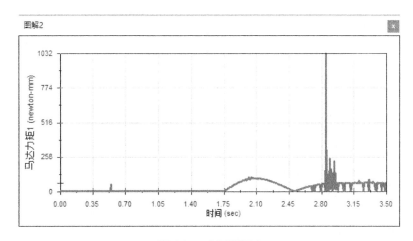

图4-27　查看图解3

步骤27　**修改图解**　修改此图解以显示前3s的内容，并设定力矩最大值为200N·mm。

步骤28　**查看图解**　可以看到在大约2.08s处的最大力矩为95N·mm，如图4-28所示。

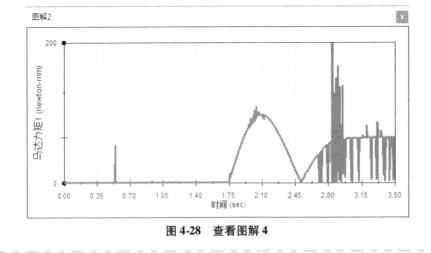

图 4-28 查看图解 4

在得到转动搭扣锁的力矩后，便可以计算出所需的力，即用力矩除以锁闭力作用的距离。

步骤29　确定距离　在【工具】菜单中单击【测量】。测量锁的端线至马达作用的轴线之间的距离，如图 4-29 所示。

步骤30　计算所需的力　所需力为 95N·mm/25.04mm = 3.8N

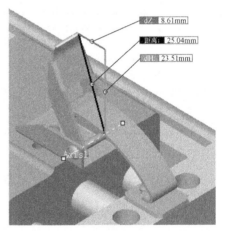

图 4-29　测量距离

练习 4-1　掀背气动顶杆

许多汽车都被设计为掀背式的，这种形式和旅行车类似，但拥有更小的尺寸，如图 4-30 所示。掀背车允许货物装填至车的尾部，通常后排座椅可向下折叠，以提高行李舱的空间。

本练习将应用以下技术：
- 接触力。
- 实体接触。
- 马达输入和力输入的类型。
- 修改结果图解。

掀背车的关键是掀背门本身，掀背门

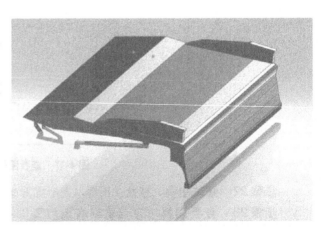

图 4-30　行李舱掀背

通过向上摆动的铰链连接到车上，并由气动顶杆进行支撑和辅助。为了在 SOLIDWORKS Motion 中得到相同的结果，将对装配体应用马达，确定气动顶杆作用在门上的力。

操作步骤

步骤1　打开装配体文件
从文件夹 "Lesson04 \ Exercises \ Hatchback" 内打开装配体文件 "HATCHBACK"。

扫码看视频

步骤2　确认单位　确认文档单位被设定为【MMGS(毫米、克、秒)】。

步骤3　新建运动算例　将这个新算例命名为 "Hatchback Steel"，并设置【分析类型】为【Motion 分析】。

> 提示　这里将使用参考点。为了使用参考点，应确保所有零部件都为还原状态。

步骤4　对装配体添加引力　在 Y 轴负方向添加引力。

步骤5　对装配体添加力　使用【只有作用力】将力加载到气动顶杆中，以模拟气动顶杆中的压力(假设活塞在打开时气动顶杆中的压力保持不变)。下面将定义 "Left_Cylinder" 的力。

如图 4-31 所示，施加一个大小为 420N、【只有作用力】的线性力。确保力应用到了指定的点，而且力的方向以圆柱体作为参考。这种方法可以保证力的方向始终沿着气动顶杆的轴线。

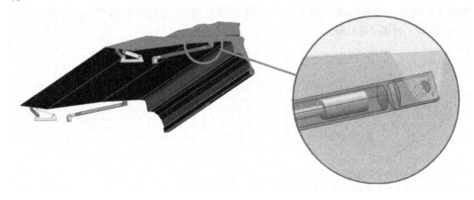

图 4-31　添加作用力

在【力函数】下方确认选择了【常量】，并在 F_1 区域中输入 420N，单击【确定】✔，如图 4-32 所示。

> 提示　确保力的方向如图 4-32 所示。

步骤6　重复操作　对 "Right_Cylinder" 重复步骤 5 的操作。

> 提示　用户可以修改 SOLIDWORKS 中零件的质量属性，但通常情况下不应对此进行修改，因为大多数 SOLIDWORKS 中的零件反映的都是真实的设计意图，它们的质量属性也是自动计算的。
> 当指定质量属性后，它们将覆盖专门应用于零部件材料的相关属性。

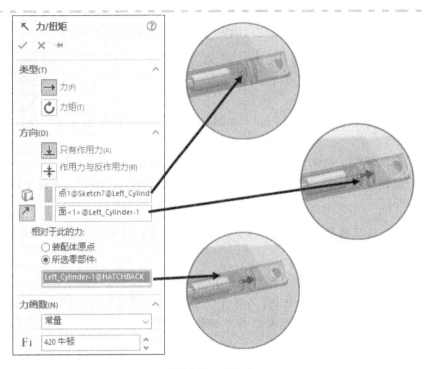

图 4-32　定义力

步骤 7　调整"Lid1"的质量属性　在【工具】/【评估】中选择【质量属性】，将弹出【质量属性】对话框。在【所选项目】栏中单击右键，并选择【消除选择】。在装配体视图窗口单击"Lid1"，如图 4-33 所示。

图 4-33　调整"Lid1"的质量属性

勾选【包括隐藏的实体/零部件】复选框，设置【覆盖质量】为 13000g，单击【确定】。

步骤 8　调整仿真的持续时间　设置算例持续时间为 2s。

步骤 9　设置算例属性　将【Motion 分析】中的【每秒帧数】设置为 100。

步骤10 定义左侧的接触 在"Left_Cylinder-1"和"Left_Piston-1"之间定义接触条件。两者的【材料】都选择【Steel（Dry）】，如图4-34所示。保持其他接触选项为默认值。

步骤11 定义右侧的接触 对右侧重复步骤10的操作，在"Right_Cylinder-1"和"Right_Piston-1"之间创建接触。

步骤12 运行仿真 单击【计算】，掀背装置将正确打开。

步骤13 图表显示气动杆位置 对"Left_Cylinder-1"的【质量中心位置】创建一个Y分量的图解，如图4-35所示。

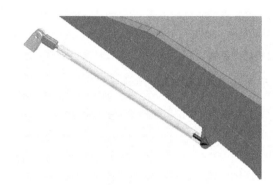

图4-34 定义接触

图4-35 质量中心位置

步骤14 查看图解 注意到该图解创建在默认的全局坐标系下，初始的Y值为−63mm，最终的Y值为287mm。还观察到初始振动发生在大约0.3s处，紧接着装配体完全打开并停止运动，如图4-36所示。

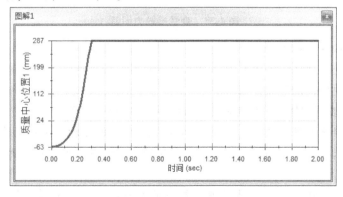

图4-36 查看气动杆Y分量的图解

步骤15 定义接触力图解 和本章前文中讨论的一样，只采用一般的接触参数就可以得到近似的接触力值。新建一个图解，显示气动顶杆和缸筒（因为装配体是对称的，可以使用两侧的任意一侧）之间的接触力大小，如图4-37所示。

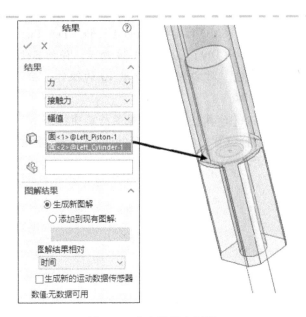

图 4-37　定义接触力图解

步骤16　查看图解　图 4-38 中的尖角表示气动顶杆和缸筒之间的碰撞。

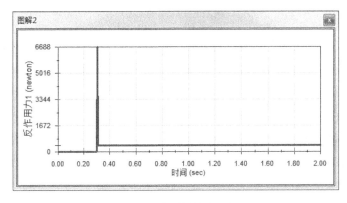

图 4-38　查看接触力图解

　　鉴于接触输入特征的质量，在碰撞发生时接触力的大小(峰值对应的 6688N)只能理解为一个近似值。进一步观察可以发现，当运动停止时接触力达到恒定的静态值。为了得到这个静态值，需要修改图解的范围。

　　步骤17　修改图解格式　修改接触力的图解，以便读取该静态值。从图 4-39 中可以观察到，在运动停止时将满足力的平衡，而且在此阶段的接触力大约为 370N。静态结果的精度既不受所选冲击模型的影响，也不受所选冲击模型参数的影响，因此可以判定静态结果是准确的。

　　前面已经多次说明，接触弹性属性对最终的冲击接触力和碰撞区域的加速度影响很大。在大多数情况下只能提供近似的特征，因此最终的冲击力和冲击物体的运动特征都是近似的。下面将修改接触弹性属性并研究它们对结果的影响。

　　步骤18　复制算例　复制算例"Hatchback Steel"，命名为"Hatchback Aluminum"。

　　步骤19　更改接触材料　将两个接触的接触材料更改为【Aluminum（Dry）】。

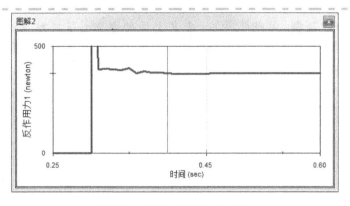

图 4-39   修改后的接触力图解

步骤 20   运行算例

步骤 21   查看位移图解   由于最小和最大位置都相同，而且图表的大概形状也非常相似，装配体在 0.33s【对比在材料为 Steel（Dry）时的 0.3s】时停止运动，如图 4-40 所示。

由于接触弹性属性会影响碰撞区域的加速度和碰撞过程中的能量消耗，首次冲击后的最终速度会有所不同，因此装配体将在不同（这次是稍后）的时刻停止运动。

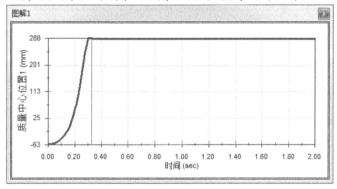

图 4-40   查看位移图解

步骤 22   查看接触力图解   如图 4-41 所示，峰值的最大值与之前不同，为 37777N，但是这些绝对值并不能作为参考。然而和预期的一样，运动停止后静态值的大小与上一算例中得到的结果几乎相等，为 370N。

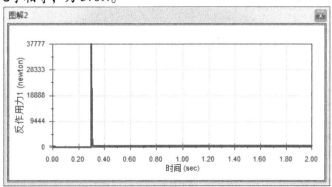

图 4-41   查看接触力图解

步骤 23　**新建算例**（可选步骤）　重复上面的步骤，将接触属性更改为【Rubber（Dry）】。查看结果，发现这是一个不切实际的情况，这里不得不延长算例的时间为至少 5s，即运动停止的时间。"Lid" 将弹起多次后才最终停止，如图 4-42 所示。

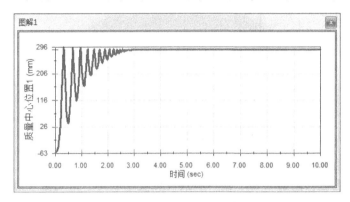

图 4-42　查看图解 1

接触力的静态值为 375N，与上述结果非常接近，如图 4-43 所示。

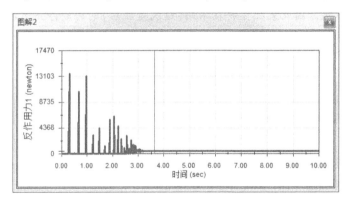

图 4-43　查看图解 2

步骤 24　**保存并关闭文件**

练习 4-2　传送带（无摩擦）

图 4-44 所示传送带包含多个分段面板，并沿着轨道移动。

本练习将应用以下技术：
- 函数表达式。
- 修改结果图解。

本练习的目标是使用由函数控制的力驱动传送带以 0.62m/s 的速度运动。在练习的第一部分中，将以一个作用力移动传送带；在第二部分中，将把这个力替换为一个路径的运动。

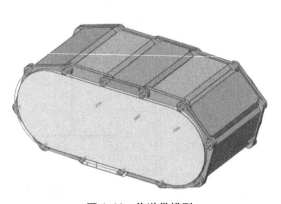

图 4-44　传送带模型

操作步骤

步骤1　打开装配体文件　从文件夹"Lesson04\Exercises\Conveyor Belt"内打开装配体文件"Conveyor_Belt"。

步骤2　查看装配体　该装配体含有使传送带正确运转所需的所有配合。在转轮和闭环的传送带表面之间存在多个【凸轮】配合以创建相切的条件。

　　SOLIDWORKS Motion 也支持 SOLIDWORKS 其他的高级配合，例如齿轮配合和限制配合。

步骤3　确认单位　确认文档单位为【MKS（米、公斤、秒）】。

步骤4　生成运动算例　新建一个运动算例，将其命名为"Conveyor"。

步骤5　施加力　以在"plate-1"上创建一个力作为开始，模拟加载的作用力，推动传送带上的面板。在"plate-1"上应用大小为100N的常量且只有作用力的线性力。确保力的方向与图4-45显示的一致，并且其方向必须参考同一个面板(即力的方向必须随面板的移动而改变)。

步骤6　定义运动算例属性　设置【每秒帧数】为100，并将【精确度】滑块移至最右侧，如图4-46所示。确认选择了【GSTIFF】积分器。

图4-45　定义力

图4-46　定义运动算例属性

步骤7　运行仿真　设置算例持续时间为5s，运行仿真。

79

步骤8　图解显示"plate-1"的速度　传送带面板的速度呈线性递增，如图 4-47 所示。现在要维持传送带面板以 0.62m/s 的速度匀速运动。

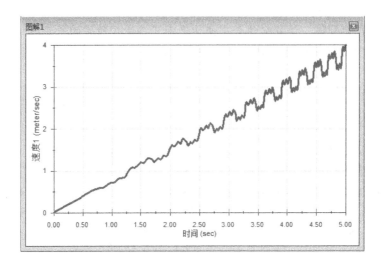

图 4-47　查看图解 1

更改力的定义，使其随传送带实际速度与期望传送带速度之差的函数而变化。基于这个速度差，力的大小及方向将根据下列表达式来使传送带加速或减速：

力 = 增益值 × (预期速度 − 当前速度) = 增益值 × (0.62 − 当前速度)

如果当前速度低于预期速度，将加载一个正的作用力以加速。如果当前速度高于预期速度，将加载一个负的作用力以减速。增益值则用于控制使传送带加速或减速的力。

步骤9　修改力　将力的大小从常量 100N 修改为函数表达式"100 ∗ (0.62 − {速度1})"，如图 4-48 所示。

提示　为了将{速度1}特征输入【表达式】域中，可以在【运动算例结果】列表中双击【速度1】特征。

步骤10　运行仿真

步骤11　查看图解　图解显示速度维持在了 0.62m/s，但达到此速度时太慢，如图 4-49 所示。下面将提高增益值来缩短达到预期速度的时间。

步骤12　修改力　编辑力并更改方程式为"500 ∗ (0.62 − {速度1})"。

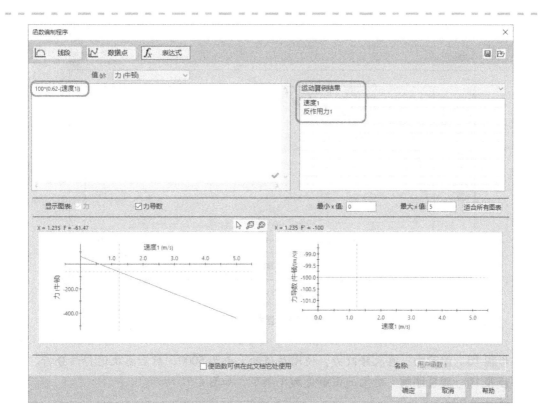

图 4-48 修改力

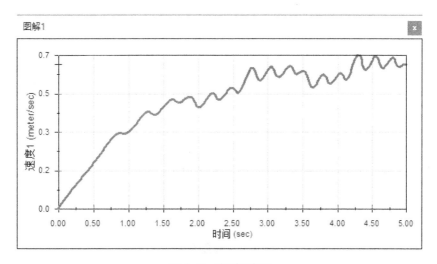

图 4-49 查看图解 2

步骤 13 运行仿真

步骤 14 查看图解 这次传送带用了 1s 便达到了预期速度,并在随后力变化时也保持这个速度,如图 4-50 所示。但是速度的变化太大,对制造过程而言是不可接受的。此时可以进一步增加增益值来使图解更加平顺。

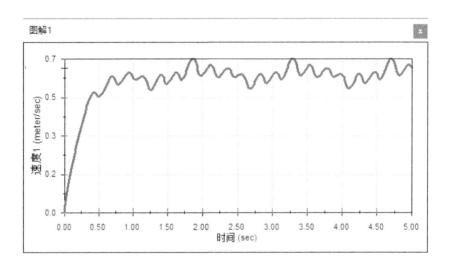

图 4-50　查看图解 3

步骤 15　修改力　再次修改力，使增益值的大小为 5000，然后再次运行该分析。

步骤 16　查看图解　这次的图解更加平顺了，如图 4-51 所示。

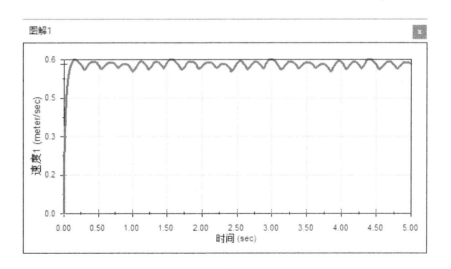

图 4-51　查看图解 4

　　步骤 17　图解显示输入力　如图 4-52 所示，力的初始值非常高，这是为了从零的初始速度开始加速。当传送带达到预期速度 0.62m/s 时，力的大小降低到趋于零。

　　如果不采用力作为输入，则还有另一种方法可以保证传送带保持匀速，即采用路径配合运动。这种方法将在本练习的下一部分进行演示。

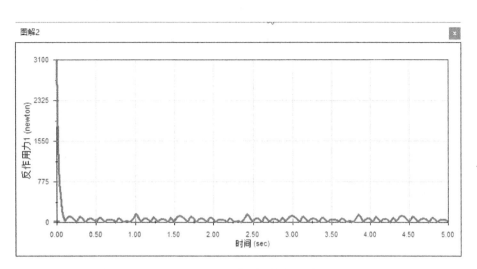

图 4-52　查看图解 5

● **路径配合马达**　路径配合马达特征描述了指定点沿路径的运动。这要求在 SOLIDWORKS Motion 中定义路径配合马达之前，必须先在 SOLIDWORKS 中创建路径配合。

步骤 18　生成运动算例　复制已有运动算例 "Conveyor"，并将新的运动算例命名为 "Path Mate"。

步骤 19　定义路径配合　在加载驱动力的面板上选择其中一个滚轮，删除凸轮配合，如图 4-53 所示。在 SOLIDWORKS 特征树中显示 "Sketch1" 特征。在滚轮中心点和由 "Sketch1" 确定的路径之间定义一个新的路径配合。

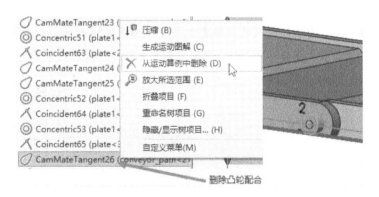

图 4-53　删除凸轮配合

保持所有路径配合的约束为默认值【自由】，如图 4-54 所示。

 提示　　　路径配合约束设定为【自由】是因为装置在余下的凸轮配合特征的作用下是完全约束的。

步骤20　定义路径配合马达　定义【路径配合马达】，在【路径配合】属性框中选择上一步定义的路径配合。确保运动的方向和驱动传送带力的方向一致。

选择【等速】并输入 0.62m/s，如图 4-55 所示。单击【确定】✔。

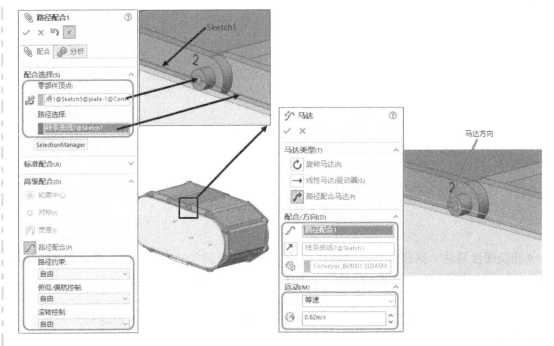

图 4-54　定义路径配合　　　　　　　　图 4-55　定义马达

步骤21　删除力　删除力特征和力的图解。现在不需要这个特征了，因为运动是由马达驱动的。

步骤22　运行仿真

步骤23　查看速度图解　这次的图解更加平滑，如图 4-56 所示。注意到速度是振荡变化的。在步骤20 中指定了等速 0.62m/s，也希望面板最终的速度保持不变。

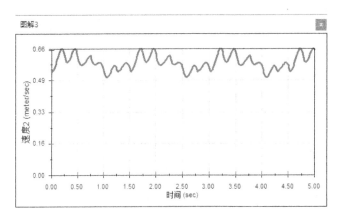

图 4-56　查看图解 6

步骤24　保存并关闭文件

练习 4-3 传送带(有摩擦)

本练习的传送带和"练习4-2"中采用的模型是相同的,如图 4-57 所示。本练习将运行相同的算例,但是这次要包含摩擦,并查看力和速度的变化。

本练习的目标是在由函数控制的力的作用下,驱动传送带以 0.62m/s 的速度运动。

本练习将应用以下技术:

- 接触力。
- 函数表达式。
- 精确化几何体。

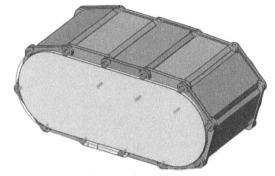

图 4-57 传送带

操作步骤

步骤1 打开装配体文件 从文件夹"Lesson04\Exercises\Conveyor Belt\with contact"内打开装配体文件"Conveyor_Belt"。

步骤2 查看装配体 第一个重合配合用于保证面板的其中一个销的顶面与传送带的端盖位于同一平面。这可以防止传送带面板左右移动。

扫码看视频

这里还有很多同轴心和重合的配合,用于将相邻的面板连在一起。其余的配合为【凸轮】配合,以在转轮和闭环的传送带路径之间创建相切关系。下面将不使用【凸轮】配合,而使用实体接触来代替。【压缩】所有的【凸轮】配合。

步骤3 确认单位 确认文档的单位为【MKS(米、公斤、秒)】。

步骤4 生成运动算例 新建一个运动算例,并命名为"Solid body contact"。

步骤5 添加接触 在每个转轮和模型的左侧板(应用凸轮配合的相同一侧)之间添加一个实体接触。一共有 12 个接触面组,勾选【使用接触组】复选框可以一次性定义这些接触。

在【材料】组框内选择【Steel（Greasy）】,使静态和动态摩擦都保持默认值,如图 4-58 所示。

提示 这里只在装配体的左侧创建了接触。在装配体的另一侧也可以定义接触,以更加真实地模拟此问题。然而,与前面使用凸轮配合的算例类似(只在一侧定义配合以避免冗余),本练习将只保持一侧有接触。最终的接触合力必须除以 2。冗余的知识将在以后的章节中讲解。

步骤6 添加引力 在 Y 轴负方向添加引力。

步骤7 添加驱动力 对"plate1〈3〉"添加一个 5000N 的常量力,类似于练习 4-2 中的操作。首先需要添加这个常量力,之后才能得到速度图解,并用于函数表达式中以控制力。

这里需要一个相对较大的力来使传送带运动。在前面的练习中,由于没有摩擦力,任何力都可以使传送带运动。

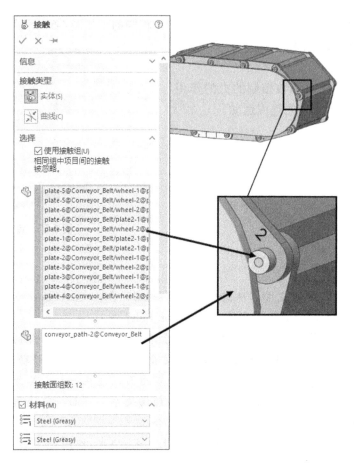

图 4-58　定义接触

步骤8　添加当地配合　传送带底部有两个名为"plate _adjust_p1"的零件，用于拉紧传送带。添加一个【锁定】配合，以使这两个零件相对彼此保持不动，如图 4-59 所示。

步骤9　定义运动算例属性　此算例对接触精度非常敏感，因此需要使用【精确接触】。同时设置【每秒帧数】为100，并将积分器设定为【WSTIFF】。

步骤10　运行算例　设置算例持续时间为2s，并运行算例。

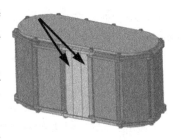

图 4-59　添加配合

步骤11　播放动画　以25%的速度播放动画，观察传送带的运动。

步骤12　图解显示结果　图解显示"plate1"的速度大小，如图 4-60 所示。速度不会像之前一样以线性递增，因为作用的摩擦力会阻碍输入力，使得带接触的运动更加复杂。

提示　为了提高效率，可以在任何时刻中断计算。这次计算的意义仅在于让用户可以定义一个在下列表达式中使用的速度图解。

步骤13　编辑力　使用方程式将力改变为速度的函数"5000 * (0.62-{速度1})"。

86

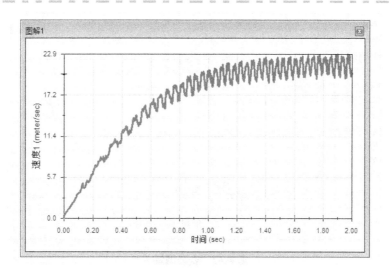

图 4-60　查看图解 1

步骤 14　运行分析

步骤 15　查看速度图解　速度接近 0.62m/s，但变化幅度较大，如图 4-61 所示。

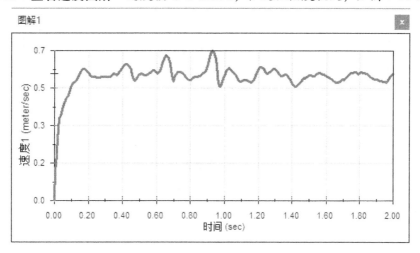

图 4-61　查看图解 2

　　步骤 16　图解显示力的大小　使用【力】、【反作用力】及【幅值】新建一个图解，然后选择"力 1"作为模拟单元。这时会出现一个警告消息提示冗余约束，单击【否】。和前面的算例相反，力并不会降低为零，这是因为有摩擦力的作用，如图 4-62 所示。

　　步骤 17　编辑图解　将 Y 轴最大值修改为 1000N，以方便观察振荡的结果，如图 4-63 所示。

　　步骤 18　增加力　编辑力，将增益值提高到 50000，函数表达式为"50000 * (0.62-{速度 1})"。

　　步骤 19　运行分析

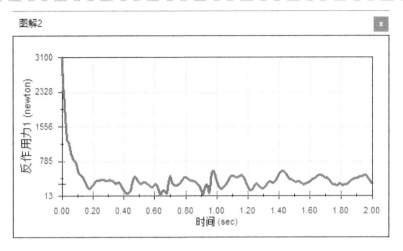

图 4-62　查看图解 3

88

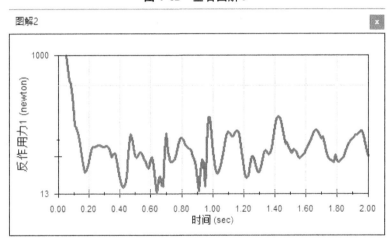

图 4-63　查看图解 4

　　步骤 20　查看图解　现在速度几乎保持为 0.62m/s，如图 4-64 所示。力的变化也类似，如图 4-65 所示。

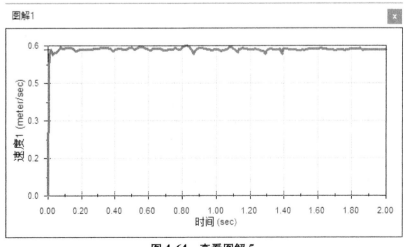

图 4-64　查看图解 5

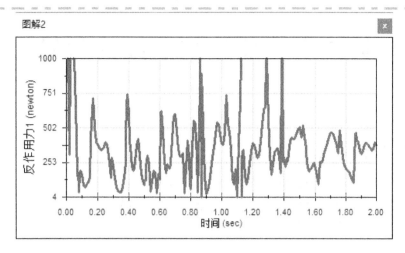

图 4-65   查看图解 6

步骤 21   保存并关闭文件

第5章　曲线到曲线的接触

学习目标
- 理解接触的定义和描述
- 使用表达式描述力和马达的大小
- 分析出现错误结果或接触求解失败的原因
- 使用其他积分器

5.1　接触力

本章的目标是熟悉曲线到曲线接触的定义。第4章已经详细讨论了实体与实体的接触，本章将以这些知识为基础进行讲解。

5.2　实例：槽轮机构

槽轮机构通常用在放映机上，使每一帧都曝光1s的时间。该机构可以将主动轮的连续旋转变为从动轮的间歇性转动，如图5-1所示。

对于槽轮机构，需要确定：
- 由主动轮产生的接触力 T。
- 从动轮的转动随时间的变化。

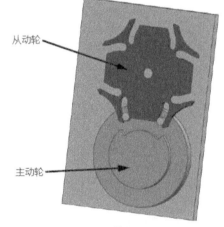

图5-1　槽轮机构

操作步骤

步骤1　打开装配体文件　打开文件夹"Lesson05\Case Study\Stargeneva"内的装配体文件"stargeneva"。

步骤2　查看装配体　主动轮"driving wheel"和从动轮"driven wheel"靠两个铰链配合连接在底板"base"上。这两个轮之间没有配合关系，它们之间的相互作用将借助曲线到曲线的接触来实现。

扫码看视频

步骤3　确认单位　确认文档单位设定为【MMGS(毫米、克、秒)】。

步骤4　生成运动算例　将算例命名为"curve to curve contact"。确保在 MotionManager 工具栏中将【算例类型】设置为【Motion 分析】。

5.3　曲线到曲线接触的定义

曲线到曲线的接触可以由两条曲线进行定义，其中的任何一条曲线都可以是闭环或保持开环。曲线几何体被近似地表示为离散的点集。用户可以指定接触为持续的(不允许曲线分离)或间歇的(曲线可以发生分离)。

曲线到曲线的接触支持摩擦和两种接触模型(即泊松模型和冲击力模型)，这两种接触模型在第 4 章中做过详细介绍。

知识卡片	曲线到曲线的接触	用于定义两条曲线互相作用的方式。在接触定义中，用户可以控制实体之间的摩擦和弹性属性
	操作方法	● MotionManager 工具栏：单击【接触】🔵，在【接触类型】中选择【曲线】。

步骤 5　定义从动轮和主动轮的接触 1　在从动轮和主动轮左把手之间定义一个间歇性的曲线到曲线的接触。单击【接触】🔵，选择【接触类型】下的【曲线】。在【选择】下方单击【SelectionManager】，并将其设置为【标准选择】，如图 5-2 所示。在主动轮中选择如图 5-3 所示的曲线作为曲线 1。切换【SelectionManager】至【选择组】设置，如图 5-4 所示。选择图 5-5 所示的曲线，单击【相切】按钮。定义从动轮边线的相切闭合组将自动产生。

图 5-2　标准选择

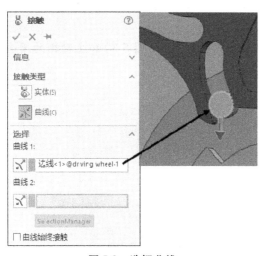

图 5-3　选择曲线

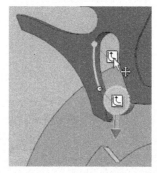

图 5-4　选择组

图 5-5　选择相切

在【SelectionManager】中单击【确定】以结束选择过程。这将构建出第二条曲线，并且闭合组也将显示在【曲线 2】中。在【材料】下方指定两部分材料均为 Steel(Dry)。确认勾选了【摩擦】复选框并使用默认数值，如图 5-6 所示，确认在【曲线 2】选项中闭合组外法线的方向。曲线的方向可以通过【向外法向方向】🗡进行更改。

单击【确定】✔。

 提示

确保【曲线始终接触】复选框未被勾选，因为两条曲线只是间歇性接触。

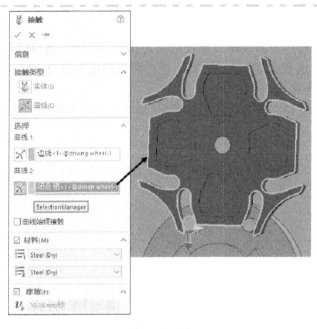

图 5-6　闭合组

步骤 6　定义从动轮和主动轮的接触 2　按照相同的步骤，在图 5-7 所示的曲线之间指定一个间歇性的曲线到曲线的接触。使用与步骤 5 相同的接触参数。

提示　　　确保曲线的方向是正确的。

步骤 7　定义从动轮和主动轮的接触 3　在从动轮的线段（见图 5-8）和主动轮的闭合组之间继续定义间歇性的曲线到曲线的接触。

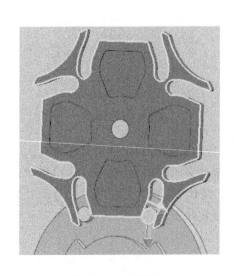

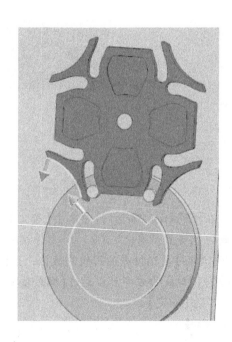

图 5-7　定义接触 1　　　　　　　　　　　　　　　　图 5-8　定义接触 2

使用与步骤5相同的接触参数。

提示　　确保曲线的方向是正确的。

步骤8　定义从动轮和主动轮的接触4~6　在余下3个从动轮的线段(见图5-9)和主动轮的闭合组之间定义间歇性的曲线到曲线的接触。

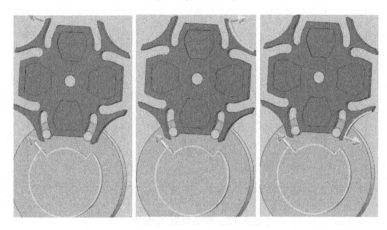

图5-9　定义接触3

提示　　最后4个接触组有多种定义方法，例如在两个闭环曲线之间的单个定义。尽管这也是有效的定义，但最好使用简单的曲线来定义接触，而不是一条非常复杂的曲线。

步骤9　添加驱动马达　在主动轮上添加一个旋转马达，以360°/s的速度驱动。

步骤10　定义运动算例属性　设置【每秒帧数】为100，如图5-10所示。

注意　　【3D接触分辨率】选项只适用于实体之间的接触。

步骤11　运行仿真　单击【计算】。

步骤12　图解显示接触力　图解显示从动轮和主动轮左把手之间的接触力。使用【力】、【接触力】和【幅值】定义此图解。在选取域中，选择 Motion FeatureManager 中的"曲线接触1"项目，如图5-11所示。单击【确定】。

图5-10　定义运动算例属性

图5-11　定义接触力图解

与在实体接触中得到的接触力结果类似，曲线到曲线的接触产生的接触力显示出多个尖锐的峰值，如图 5-12 所示，这来自接触刚度的近似值，因此应忽略。

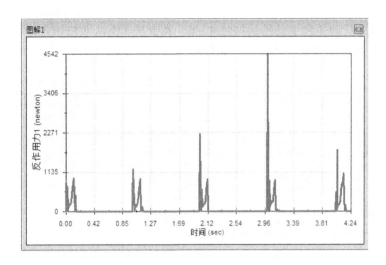

图 5-12　查看接触力图解

这需要使用非线性动力学解决方案来精确计算接触力。同样，更改图解的极限不会对接触力产生有意义的静态结果（这与在第 4 章中存在静态接触力的情况一样）。

步骤13　图解显示从动轮的旋转　图解显示从动轮旋转随时间变化的情况，如图 5-13 所示。

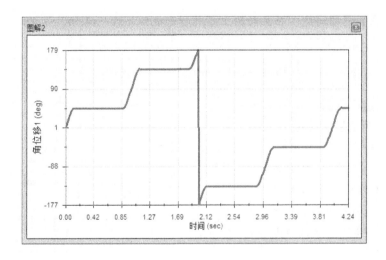

图 5-13　查看角位移图解

上面的图解显示了从动轮输出的转速为 90°/s，或在 4s 之内转动了 360°。

5.4　实体接触和曲线到曲线接触的比较

第 4 章和本章介绍了 SOLIDWORKS Motion 中的两种接触类型：实体接触和曲线到曲线接触。那么如何确定这两种接触所适用的场合呢？

大多数接触问题最好采用实体接触进行求解，特别是当结果取决于作用在目标（动态系统）上的外力时。如果接触路径可以使用闭合组或开口曲线描述，则可以使用曲线到曲线的接触进行求解。然而，如果用于定义接触的曲线包围了整个物体，尤其是当它们又非常复杂时，实体接触可能仍然是较好的选择。因此，上面讲到的槽轮机构仍然可以采用实体接触进行求解。

5.5　实体接触求解

下面将使用实体接触求解此装配体。

操作步骤

　　步骤 1　使用实体接触求解问题　使用实体接触再次求解这个仿真，对接触指定合适的几何体描述。求解完毕后，请比较曲线到曲线接触和实体接触两种类型求解所得结果的异同。

　　步骤 2　保存并关闭文件

练习　传送带（带摩擦的曲线到曲线的接触）

本练习和练习 4-2 以及练习 4-3 中使用的传送带模型是相同的，只是在前面两个练习中使用实体接触进行求解，而本练习将使用曲线到曲线的接触进行求解，如图 5-14 所示。

本练习将应用以下技术：

- 接触力。
- 函数表达式。
- 精确化几何体。

在本练习中，将使用曲线到曲线的接触来替代实体接触进行求解，并比较二者产生的结果。

本练习的目标是使用函数控制的力将传送带的速度维持在 0.62m/s。

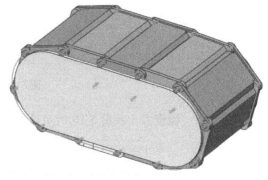

图 5-14　传送带

操作步骤

　　步骤 1　打开装配体文件　从文件夹"Lesson05 \ Exercises \ Conveyor Belt"内打开装配体文件"Conveyor_Belt"。该装配体包含"练习 4-3　传送带（有摩擦）"中完成的文件组，其中使用了实体接触来模拟凸轮相切的条件。

扫码看视频

　　步骤 2　复制算例　复制算例"Solid body contact"到一个新算例中，并将其命名为"curve to curve contact"。

　　步骤 3　删除所有实体接触

　　步骤 4　定义曲线到曲线的接触　在模型的左侧（在步骤 3 中删除的实体接触的同一侧），在每个轮的边界曲线和模型"conveyor_path"边界曲线之间添加一个曲线到曲线的接触。同样，这将生成 12 个接触组。

单击【接触】🔩，选择图 5-15 所示的两条边线。如果需要，可以使用【向外法线方向】🗙 来调整方向。

在【材料】处选择【Steel（Greasy）】，保持静态和动态摩擦的默认数值不变。单击【确定】✅。

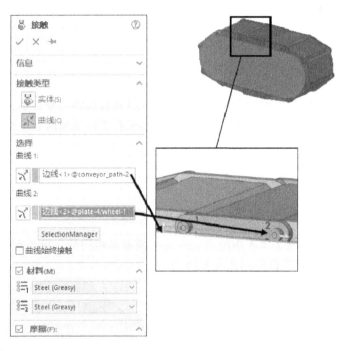

图 5-15　定义接触

步骤 5　检查力　按图 5-16 所示设置检查力

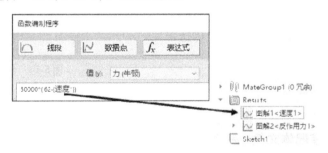

图 5-16　检查力

步骤 6　定义运动算例属性　设置【每秒帧数】为 100，在【高级选项】中选择【WSTIFF】积分器。

步骤 7　运行算例　设置算例持续时间为 2s，运行算例。

步骤 8　播放动画　以 25% 的速度播放动画，观察传送带的运动。

步骤 9　图解显示结果　图解显示"plate1"的速度大小。速度并不像之前一样线性地递增，这是因为摩擦力阻碍了输入力的作用，并且带接触的运动会更加复杂，如图 5-17 所示。

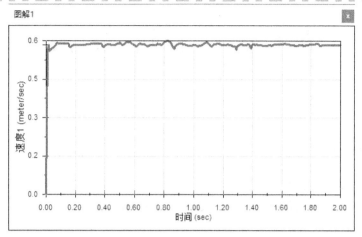

图 5-17　查看图解

将上面的结果与练习 4-3 中的结果进行比较，可以发现它们是非常相似的。

步骤 10　保存并关闭文件

第6章 凸轮合成

学习目标
- 使用样条曲线控制马达
- 生成点的跟踪路径以获取凸轮轮廓
- 使用凸轮轮廓生成 SOLIDWORKS 零件

6.1 凸轮

SOLIDWORKS Motion 可以根据表格数据或输入诸如 STEP 等函数的方式来创建凸轮轮廓。用户可以通过所需的运动驱动从动件，然后利用从动件的运动创建凸轮轮廓以进行后续的加工。

6.2 实例：凸轮合成

本实例将根据输入从动件的一组位移数据来生成凸轮的轮廓，如图 6-1 所示。

6.2.1 问题描述

生成一个凸轮，确保从动件按照图 6-2 所示的曲线运动。

图 6-1 凸轮

图 6-2 运动曲线

6.2.2　关键步骤

为了生成凸轮，需要遵循以下步骤：

1）定义从动件的运动：这可以依靠一组表格数据，并通过马达驱动从动件来完成。

2）生成跟踪路径：跟踪路径是与凸轮曲面的外形完全一致的。

3）将曲线作为草图输入 SOLIDWORKS：跟踪路径可以作为一条曲线输入 SOLIDWORKS，并可以当作草图使用。

4）拉伸草图以生成凸轮。

操作步骤

步骤 1　**打开装配体**　打开文件夹 "Lesson06\Case Study\Cam Synthesis" 内的装配体文件 "Cam Synthesis"，该装配体由未定义的凸轮和从动件组成，如图 6-3 所示。

扫码看视频

步骤 2　**确认文档单位**　确认单位被设置为【MMGS（毫米、克、秒）】。

步骤 3　**创建运动算例**　将新的运动算例命名为 "cam study"。

图 6-3　打开装配体

6.2.3　生成凸轮轮廓

当凸轮部件旋转 360°时，从动件的运动由路径轮廓指定，以便生成一个凸轮轮廓。

步骤 4　**定义驱动凸轮的马达**　添加一个旋转马达来驱动凸轮轴，恒定速度为 120°/s。这将保证每 3s 转动一次凸轮，如图 6-4 所示。

步骤 5　**查看轮廓数据**　在文件夹 "Lesson06\Case Study\Cam Synthesis" 内打开文件 "Cam Input. xls"，其中包含凸轮从动件的 X 坐标及 Y 坐标，如图 6-5 所示。

文件还包含一个根据该表格数据所生成的凸轮轮廓图解。查看后关闭该文件。

图 6-4　定义马达

	A	B
1	0	0
2	0.03	-0.22602
3	0.06	-0.90851
4	0.09	-2.06117
5	0.12	-3.70754
6	0.15	-5.88229
7	0.18	-8.55564
8	0.21	-10.6689
9	0.24	-12.0429
10	0.27	-12.659
11	0.3	-12.7001
12	0.33	-12.7
13	0.36	-12.7
14	0.39	-12.7
15	0.42	-12.7
16	0.45	-12.7
17	0.48	-12.7
18	0.51	-12.7
19	0.54	-12.7

图 6-5　轮廓数据

　　步骤6　定义驱动从动件的马达　在"Follower_Guide"的顶面添加一个线性马达，确保定义的方向如图 6-6 所示。选择【数据点】以打开【函数编制程序】对话框，在【值(y)】中选择【位移(mm)】，在【自变量(x)】中选择【时间(秒)】，在【插值类型】中选择【Akima 样条曲线】。单击【输入数据】并选择文件"Cam Input. csv"。此文件包含 Excel 文件中的 X 坐标和 Y 坐标数据。

　　步骤7　添加引力　在 Y 轴负方向添加引力。

　　步骤8　更改算例属性　更改算例属性，设置【每秒帧数】为 100。

　　步骤9　运行算例　设置算例持续时间为 3s，运行算例。

图 6-6　马达方向

6.3　跟踪路径

　　SOLIDWORKS Motion 允许用户图形化地显示运动零件上任意一点所遵循的路径（称为跟踪路径），在练习 2-2 中已使用过这一特征。本章将使用它来生成凸轮的轮廓。

　　用户可以在【选取一个点】组框中选择用于生成跟踪曲线的零件，如图 6-7 所示。

用户可以在此区域内选择面、边线或顶点来定义生成所跟踪的点

图 6-7　跟踪路径

　　用户还可以选择一个参考零部件，以定义跟踪路径的参考坐标系。默认的参考坐标系是由全局坐标系定义的全局参考坐标系。

知识卡片	跟踪路径	● MotionManager 工具栏：单击【结果和图解】，选择【位移/速度/加速度】和【跟踪路径】。

　　步骤10　生成用于定义凸轮轮廓的跟踪路径　在 MotionManager 工具栏中单击【结果和图解】，选择【位移/速度/加速度】和【跟踪路径】，选择"Follower-1"上的顶点来定义凸轮轮廓，选择"cam-1"上的曲面来定义参考零部件，如图 6-8 所示。

保持【定义 XYZ 方向的零部件(可选性)】为空,单击【确定】✔️以显示跟踪路径,如图 6-9 所示。

请注意凸轮轮廓是如何生成的。下面将直接从 SOLIDWORKS Motion 复制这个跟踪路径曲线到 SOLIDWORKS 零件中。

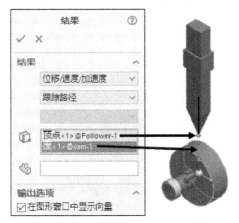

图 6-8 定义跟踪路径

图 6-9 显示跟踪路径

6.4 输出跟踪路径曲线

现在得到了凸轮的形状,然后就可以在 SOLIDWORKS 中使用该路径来创建凸轮本身了。跟踪路径曲线可以输出到 SOLIDWORKS 零件中。

知识卡片	从跟踪路径生成曲线	跟踪路径曲线可以用于在 SOLIDWORKS 零件中生成曲线以创建几何体。这可以通过两种方法实现: ●在参考零件中从路径生成曲线 如果零件已存在,跟踪路径曲线可以直接输入到这个已经存在的零件中。 ●在新零件中从路径生成曲线 如果尚未创建零件,则可以直接使用此命令完成。
	操作方法	●MotionStudy 设计树:右键单击"结果"文件夹下的跟踪路径图解,选择【从跟踪路径生成曲线】命令。

步骤 11 复制跟踪路径曲线到 SOLIDWORKS 零件 右键单击"结果"文件夹下的跟踪路径图解,选择【从跟踪路径生成曲线】/【在参考零件中从路径生成曲线】命令,如图 6-10 所示。

步骤 12 打开凸轮零件 在单独的窗口中打开凸轮零件"cam"。

图 6-10 复制跟踪路径曲线

曲线已经作为一个新的特征插入到零件中，如图 6-11 所示。

步骤 13 拉伸轮廓 在前视基准面上新建一幅草图。在 SOLIDWORKS FeatureManager 中选择 "曲线 1"。在【草图】工具栏中单击【转换实体引用】⬜，将曲线投影到草图平面。同时选择凸轮轮廓的圆柱外侧边线，使用【转换实体引用】将此边线投影到当前草图中。单击【拉伸凸台/基体】🎁，使用两侧对称条件拉伸草图，并指定深度为 50mm，如图 6-12 所示。

确保没有勾选【合并结果】复选框。

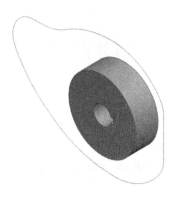
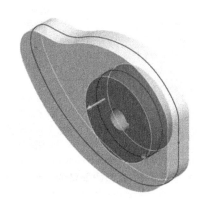

图 6-11 打开凸轮零件   图 6-12 拉伸轮廓

步骤 14 保存并关闭零件 返回到主装配体。

在本章的最后部分，将使用 3D 接触再次运算这个仿真，以验证凸轮的轮廓是否准确。这需要在从动件和凸轮之间生成实体接触，在旋转马达的作用下驱动凸轮运动，并停止从动件的线性马达。

步骤 15 添加实体接触 在从动件和凸轮之间添加【实体接触】，【材料】均指定为【Steel（Greasy）】，不勾选【摩擦】复选框。

步骤 16 移除从动件的驱动 右键单击 "线性马达 1"，并选择【压缩】。

步骤 17 定义运动算例属性 在【运动算例属性】中勾选【使用精确接触】复选框。只要存在点接触，都应当使用精确接触。

步骤 18 运行仿真 请注意从动件是如何随凸轮轮廓上下移动的。

步骤 19 查看运动 切换至后视图。图 6-13 所示即为 1.7s 处的位置，注意到从动件并未与凸轮接触。这个间隔缘于从动件的动量。在此时间点之前，从动件被凸轮驱动抬高。凸轮的轮廓要求从动件快速更改方向，但唯一保证从动件相接触的因素只有引力。

在现实中，最终会在从动件顶部添加额外的组件以强制与凸轮发生接触。

步骤 20 图解显示从动件的竖直位移 生成从动件质心位置的【Y 分量】位移图解，并与 Excel 文件中的图解进行比较。为清楚起见，将 Excel 文件中的图解进行了翻转。两个图解具有相同的形状，如图 6-14 所示。

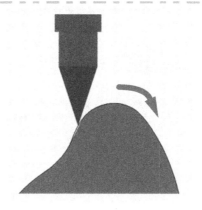

图 6-13　运动位置

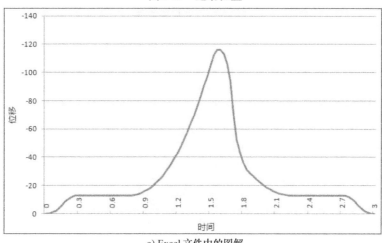

a) Excel 文件中的图解

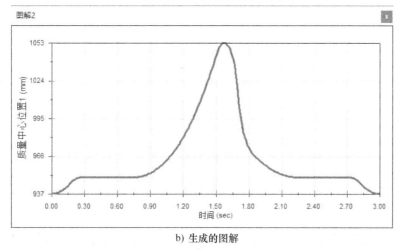

b) 生成的图解

图 6-14　查看图解

6.5　基于循环的运动

在机械设计中，自变量 TIME 通常并不是最合适的选择。在一个周期之内设计所有任务可能更加便捷。一般情况下，周期的持续量被设定为 360°。

基于循环 的运动	基于循环的运动允许用户方便地修改机械设计中动作的持续时间或生产效率。
操作方法	• 在【函数编制程序】对话框中，设置输入类型为【变量和常量】，并选择【CycleAngle】，如图 6-15 所示。然后在【运动算例属性】中设置循环的持续时间，如图 6-16 所示。

图 6-15　变量和常量

图 6-16　设置运动算例属性

步骤 21　编辑旋转马达　编辑步骤 4 中创建的"旋转马达 1"。在【运动】下方选择【线段】以打开【函数编制程序】对话框。在【函数编制程序】对话框中，确保选择了【线段】，如图 6-17 所示。

保持【值(y)】为【位移(度)】，设定【自变量(x)】为【循环角度(度)】。添加一行，并在【起点 X】和【终点 X】下分别输入 0°和 360°作为循环角度。

输入 360°作为旋转位移的最终值。

提示 确保旋转位移的初始值为0°。

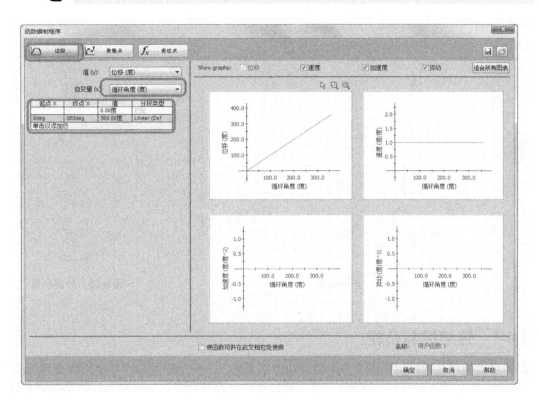

图6-17 【函数编制程序】对话框

4个图表中显示了位移线性递增,速度保持恒定,而加速度和猝动都为0。在360°的循环角度中完成360°的旋转,表明每个输出周期旋转一圈。

提示 下一步将指定循环角度(或输出周期)的持续量。

单击【确定】以关闭【函数编制程序】对话框。单击【确定】✔以保存【马达】新的定义。

步骤22 设置算例属性 设置【循环时间】为3s,如图6-18所示。单击【确定】✔。

步骤23 运行仿真

步骤24 分析结果 从动件的最终运动与步骤20中的运动相同。这符合预期,因为两次仿真都是相同的,前者使用时间作为自变量进行求解,而后者使用循环角度作为自变量进行求解。

周期设定:(1周期=360°)
○周期率 ◉循环时间
3.00秒

图6-18 循环时间

步骤25 调整循环时间为1.5s

步骤26 运行仿真

步骤27 分析结果 凸轮现在会在3s(算例持续的时间)内转动两圈,如图6-19所示。但查看跟踪路径时可以发现,从动件与凸轮会发生分离,如图6-20所示,这是不允许发生的。因此,循环时间设定为1.5s对于这个机构而言太短了。

步骤28 保存并关闭文件

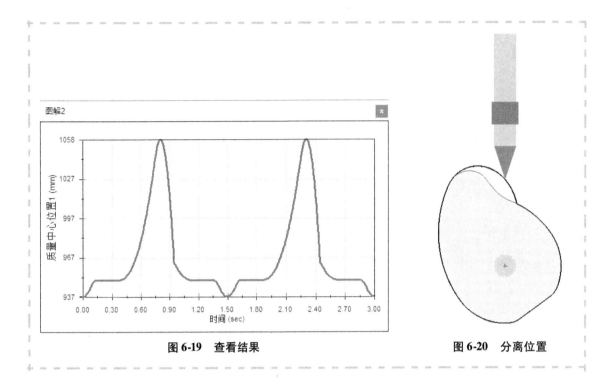

图 6-19　查看结果　　　　　　　　　　　　图 6-20　分离位置

练习 6-1　连续控制凸轮

　　用户可以使用各种机构在多个方向启动和控制系统。一种常规的方案是使用弹簧将机构返回到原始位置（如发动机中的气门弹簧）。另一种可替代方案是使用名为连续控制凸轮的凸轮系统，如图 6-21 所示。在下面的练习中，将先使用传统的扭转弹簧来创建一个简单的机构，然后再创建一个凸轮来替换系统中的扭转弹簧。这时，机构只会由凸轮系统驱动。

　　本练习将应用以下技术：
- 生成凸轮轮廓。
- 跟踪路径。
- 从跟踪路径生成曲线。

　　该项目中已经设计了一个凸轮，其可以驱动连接件按预期运动。当凸轮转动时，它将通过接触推动连接件以逆时针方向运动，如图 6-22 所示。本练习的第一部分将对连接件应用一个扭力弹簧来使其保持接触。

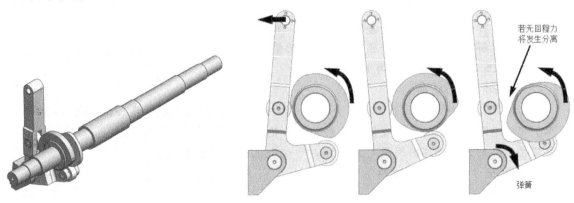

图 6-21　凸轮系统　　　　　　　　　　　　图 6-22　运动轨迹

操作步骤

步骤1　打开装配体文件　打开文件夹"Lesson06\Exercises\Desmodromic CAM"内的装配体文件"Desmodromic Cam"。第一个凸轮"cam1"已经创建完毕，并通过凸轮配合与从动件"roller1"配合在一起。

扫码看视频

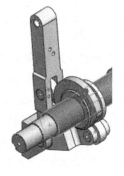

图6-23　马达方向

步骤2　确认单位　确认装配体的单位设定为【MMGS(毫米、克、秒)】。

步骤3　创建新算例　新建一个运动算例。

步骤4　约束轴向运动　当前轴可以自由地沿轴向运动。添加一个线性马达以防止轴"shaft"的任何轴向运动，如图6-23所示。设置【持续时间】为10s。

步骤5　添加旋转马达　在轴上添加一个旋转马达，使其在10s之内旋转360°。

步骤6　检查凸轮配合　在SOLIDWORKS中检查配合，注意到在"cam1"和从动件"roller <1>"之间存在一个凸轮配合，如图6-24所示。这个配合用于动画是可以接受的，但用于分析则显得不现实，因为这将强迫两个曲面保持在一起，但实际上会存在分离的情况。

步骤7　运行算例　设置算例的时长为10s并运行。算例运行后将显示所需的运动。

步骤8　移除凸轮配合　在FeatureManager设计树中压缩凸轮配合。

图6-24　凸轮配合

提示

在压缩配合前，用户必须将时间栏键码拖回到0s的位置。

步骤9　运行算例　"cam1"仍会转动，但是连接件"link"不会再移动，因为在"cam1"和上面的从动件"roller <1>"之间没有连接。

步骤10　添加弹簧　爆炸展开装配体以便更加容易地选择"link"上的曲面。添加一个扭转弹簧保证凸轮机构保持连在一起。将【弹簧常数】设置为10.00N·mm/(°)，【自由角度】设置为30.00°，如图6-25所示。当从前视图观看时，方向应为顺时针方向。

图6-25　添加弹簧

提示

【自由角度】定义了无负载扭转弹簧相对于当前配置的方向。

步骤11 添加接触 在"cam1"和上面的从动件"roller < 1 >"之间添加实体接触。指定【材料】为【Steel(Greasy)】，并勾选【摩擦】复选框。

步骤12 运行算例 运动正确，在低速下也能正常工作。

如果在高速下运行这个系统，可能会碰到一些问题，即弹簧无法确保从动件与凸轮紧密接触。如果发生分离，则从动件会在凸轮上发生跳动，得到的运动将与设计的初衷相违背。

为了强制接触，需要设计第二个凸轮。从前视图来观察系统可以发现，第一个凸轮可以通过接触使连接件逆时针转动，但连接件的顺时针转动取决于弹簧。在接下来的部分，将使用第二个凸轮来替代弹簧，该凸轮可以使连接件以顺时针方向转动。两个凸轮一起工作，可确保在凸轮和从动件之间发生接触。

步骤13 压缩扭转弹簧

> **提示** 在压缩弹簧时必须将时间栏键码拖回至0s处

步骤14 删除接触并解压缩凸轮配合 使用跟踪路径功能来生成第二个凸轮路径。因为需要在整个旋转中维持接触，将采用凸轮配合来强制接触。删除"cam1"与它的从动件"roller 〈1〉"之间的接触。在 FeatureManager 设计树中解压缩凸轮配合。

步骤15 运行算例

步骤16 跟踪图解 新建图解以生成第二个凸轮的曲线。这时需要选择第二个从动件"roller"的中心点，用户可以通过选择"roller"的边线来定义中心点。同时选择"cam2"的表面，如图6-26所示。

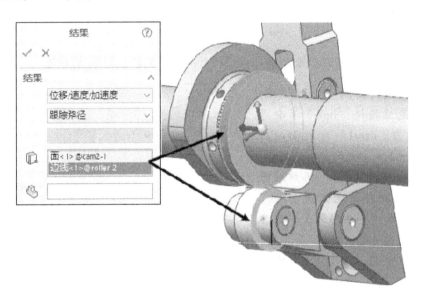

图6-26 定义图解

步骤17 查看图解 现在得到了基本的路径，但是路径太大了，其必须跟踪第二个从动件"roller < 2 >"的中心。

测量第二个从动件"roller <2 >"，如图 6-27 所示。因为得到的尺寸为 52mm，不得不将"cam2"的尺寸减小一半，即 26mm。

步骤 18　输出曲线到参考零件

步骤 19　打开零件　在单独的窗口中打开零件"cam2"。

步骤 20　拉伸新的凸轮　在零件的前视基准面上创建一个草图。

基于已有零件的外部边线，在草图中使用【转换实体引用】来生成一个圆。

利用跟踪曲线生成一条向内等距、尺寸为 26mm 的曲线。

将新的"cam2"拉伸 10mm，以使两个实体刚好重合，合并结果，如图 6-28 所示。

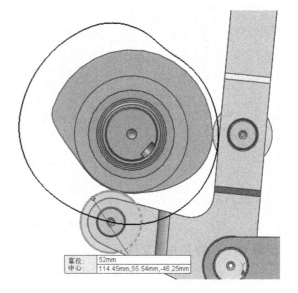

图 6-27　测量尺寸

步骤 21　添加接触　返回至装配体窗口。现在将使用两个凸轮驱动运动来运行算例。【压缩】凸轮配合。在每个凸轮和对应的从动件之间添加接触，如图 6-29 所示。在【材料】中选择【Steel(Greasy)】，并勾选【摩擦】复选框。

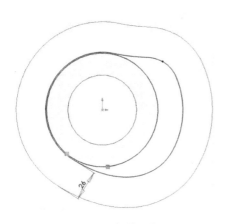

图 6-28　拉伸凸轮

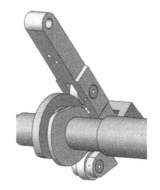

图 6-29　添加接触

步骤 22　运行算例

步骤 23　查看结果　两个凸轮在整个旋转过程中始终与它们的从动件保持接触，其中一个负责连接件的逆时针转动，而另一个负责连接件的顺时针转动。

技巧 🗝　　使用【二视图-竖直】可以在轴转动时观察前后视图，如图 6-30 所示。

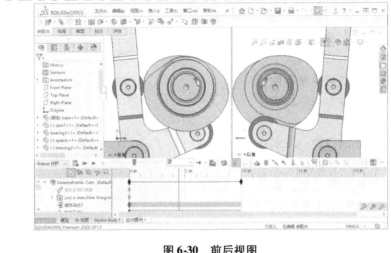

图 6-30　前后视图

步骤 24　保存并关闭文件

练习 6-2　摆动凸轮轮廓

本练习将生成一个多片凸轮，用于控制滑块的运动，如图 6-31 所示。齿轮在旋转过程中，附带着一个传动盘和滑块导向板，如图 6-32 所示。

110

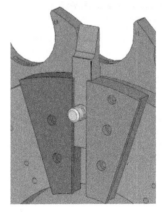
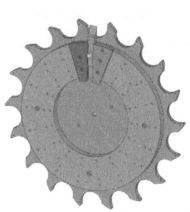

图 6-31　多片凸轮　　　　　　　　　　　　　　图 6-32　模型细节

在滚轴的作用下，滑块将在两个凸轮盘之间沿一条路径上、下移动。当内部的凸轮盘转动时，该系统可使滑块沿径向向外移动；当外部的凸轮盘转动时，该系统可使滑块沿径向向内滑动，如图 6-33 所示。

本练习将应用以下技术：

- 生成凸轮轮廓。
- 跟踪路径。
- 从跟踪路径生成曲线。

装配体以 8000(°)/s 的速度旋转。每转一周，滚轴将按照附带文件中提供的预定义时间表进行径向移动。本练习将根据已有文件中提供的预定义运动路径，从现有零件创建凸轮，路径曲线如图 6-34 所示。

图 6-33　零部件位置

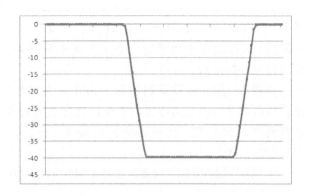

图 6-34　路径曲线

操作步骤

步骤1　打开装配体文件　从文件夹"Lesson06 \ Exercises \ Rocker Cam Profile"内打开装配体文件"rocker cam profile exercise"。

步骤2　查看装配体　如果隐藏"toothed wheel"和"drive_plate"装配体，则可以看到两个凸轮盘处在适当的位置，但是凸轮路径还没有定义，如图 6-35 所示。

扫码看视频

步骤3　确认单位　确认装配体单位被设定为【MMGS(毫米、克、秒)】。

步骤4　新建算例　新建一个运动算例。

步骤5　定义滑块运动　在"rocker"的底面添加一个线性马达。运动必须指定为相对于另一个零部件，因此需要选择图 6-36 所示的导向板"699-0431"。

图 6-35　凸轮位置

图 6-36　定义马达

选用【数据点】和【位移】并加载文件"Slide Translation Motion. csv"。在【插值类型】中选择【立方样条曲线】。确保方向是沿径向向外的。

提示

为了方便定义，可以隐藏"Plate CAM Assembly"。

步骤6　定义旋转　对"drive_plate"装配体（或零件"699-0414"）添加一个旋转马达。设定马达以8000(°)/s 的速度等速旋转。当从俯视图观察时，旋转应沿递时针方向。

步骤7　定义运动算例属性　由于仿真的时间很短，所以需要一个较高的帧率来保证拥有足够的点数，以得到平滑的结果。设置运动算例属性，将【每秒帧数】设定为2500。

步骤8　运行算例　设置时长为0.045s。在8000(°)/s 的速度下，这刚好对应装配体转动了一整圈。

步骤9　定义结果图解　在"rocker"的滚轴"699-0413"中心生成一个跟踪路径，如图6-37 所示。

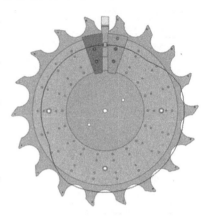

图6-37　生成跟踪路径

> **提示**　如果曲线看上去不够光滑，可在【工具】/【选项】中提高图像品质。

步骤10　生成曲线　不用选择任何对象，右键单击跟踪路径图解，选择【从跟踪路径生成曲线】/【在参考零件中从路径生成曲线】。因为这里未做任何选择，这条曲线将作为一个特征显示在装配体的 FeatureManager 设计树中。

步骤11　建模　现在将单独处理装配体的零部件，因此不需要停留在运动算例中。切换至【模型】选项卡。

步骤12　隐藏零部件　在装配体中创建凸轮路径。将不受影响的零件隐藏，可更容易看清操作过程。隐藏"toothed wheel"、"Slide Assembly"和"drive_plate"装配体。

步骤13　编辑零件　选择"Plate Cam Assembly"下的零件"699-0416"，单击【编辑零件】。

步骤14　编辑草图　编辑"Base-Extrude"下的"Sketch3"，这是定义零件外侧面的圆形草图。这里将把跟踪路径曲线偏移至滚轴直径的一半，并用偏移后的曲线来替代这个草图。

在 FeatureManager 设计树中选择曲线（该曲线将位于零件和装配体的上面）。利用前面步骤中生成的跟踪路径曲线，使用【转换实体引用】来创建一条曲线，并设置属性为【作为构造线】。

单击【等距实体】并输入6mm（滚轴直径的一半）作为偏移量。确保偏移的方向向内，如图6-38 所示。单击【确定】完成偏移，【删除】草图中最初的圆。退出草图和零件编辑模式，轮廓形状如图6-39 所示。

步骤15　编辑外侧凸轮　编辑"Plate Cam Assembly"中的零件"699-0417"。在面向"699-0417"零件的表面上（使用下视图查看时更靠近的面），使用相同的步骤创建草图。此次是向外偏移6mm。拉伸一个切除特征并指定深度为8.8mm，如图6-40 所示。退出零件编辑模式。

图6-38　编辑草图

112

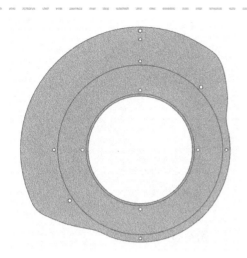
图 6-39　轮廓形状

图 6-40　拉伸切除

步骤 16　确定内径　测量从外侧凸轮板的中心到图 6-41 所示顶点之间的距离，这和生成"keeper"上轮廓曲线的半径相同。

高亮显示"距离"并按〈Ctrl + C〉组合键复制数值至粘贴板，因为在下一步中会使用此值。

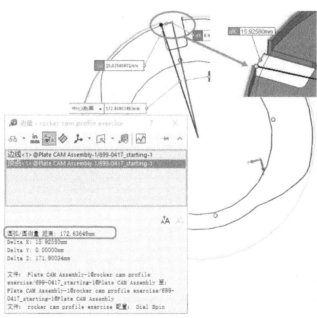
图 6-41　测量尺寸

步骤 17　显示零件　返回【编辑装配体】模式并显示零件"keeper"。"keeper"是用于装配滚轴时允许进入的锁片。

步骤 18　编辑草图　编辑"Boss-Extrude1"的草图。双击圆弧半径的尺寸并粘贴来自粘贴板的测量距离，如图 6-42 所示。

步骤 19　查看完成的凸轮　返回到装配体中查看已创建的凸轮，此时得到的是一条平滑的凸轮路径，如图 6-43 所示。

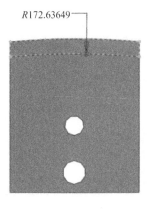

R172.63649

图 6-42   编辑草图

图 6-43   凸轮路径

步骤 20   新建运动算例   复制现有运动算例到一个新的算例中，将新的算例命名为"with contacts"。

步骤 21   压缩线性马达

步骤 22   定义接触   在所有必要的零部件之间创建实体接触。设置【材料】为［Steel（Greasy）］，不勾选【摩擦】复选框。

技巧 🔑   用户可以方便地使用接触组来减少定义的数量。

步骤 23   设置算例属性   勾选【使用精确接触】复选框。

步骤 24   计算运动算例

步骤 25   分析结果   确认设计的凸轮装配体是否提供了滚轴预期的运动。

步骤 26   保存并关闭文件

第7章 运动优化

7.1 运动优化概述

优化是一种找出最佳设计的过程，在设计变量允许的数值变化范围内进行可行的组合，以确定相对于所选目标的最佳设计。优化设计取决于加载的约束，诸如模型尺寸、马达、弹簧常量、速度等参数都可以用于优化。

7.2 实例：医疗检查椅

诊所或医院中的医疗检查椅如图 7-1 所示。它必须稳固、易于使用并具有美感，同时必须符合某些医学标准，并能够使病人尽可能地舒适。对医护人员而言，高度和倾角的调整必须易于操作。由于空间的限制以及对电源的要求，座椅的整体尺寸必须控制到足够小，各个单独的零部件应该轻量化。

扫码看视频

扫码看视频

图 7-1 医疗检查椅

本章将运行一次优化算例，以确定固定在医疗检查椅上的驱动器的尺寸。

7.2.1　问题描述

医疗检查椅需要能在一定范围内移动，但同时需要限制驱动器的尺寸以提高或降低座椅的高度。座椅的移动范围为 0.3～0.6m。构成抬升机构的零部件尺寸在一定范围内是可变的。在优化算例中，这些尺寸是设计变量，座椅的最大和最小高度等约束由运动数据传感器监视，目的是最大限度地减小由传感器监测的驱动器的力。

7.2.2　关键步骤

1）生成运动算例：这将是一个全新的运动算例。

2）添加线性马达：线性马达将提高和降低座椅的高度。

3）添加引力：将添加标准重力，以便在计算时考虑座椅零部件的质量。

4）定义接触：在特定零部件之间添加接触。

5）计算运动：运行分析仿真 4s，完成一次座椅的提高和降低过程。

6）图解显示结果：通过生成的各种图解来查看位移及所需的功率，并通过定义传感器对其进行监测。

7）生成设计算例并定义参数：这个算例将基于可变参数和施加的约束条件来定义需要优化的内容。

8）后处理结果：查看最终的设计，确保设计满足要求。

操作步骤

　　步骤 1　打开装配体文件　从文件夹“Lesson07\Case Study”内打开装配体文件“Medical_chair”。

　　步骤 2　加载 SOLIDWORKS Simulation 和 SOLIDWORKS Motion 插件

　　步骤 3　确认单位　确认文档的单位设置为【MKS(米、公斤、秒)】。

　　步骤 4　新建运动算例　右键单击【Motion Study 1】选项卡并选择【生成新运动算例】命令，将算例命名为“Chair motion”。确保在 MotionManager 的【算例类型】中选择了【Motion 分析】。

> **提示** 　与其他运动参数(例如马达、接触等)类似，用户也可以启用或禁用装配中的配合。下面将通过禁用其中一个配合来练习此功能。

　　步骤 5　设置仿真时间　设置仿真时间为 4.1s。

　　步骤 6　禁用配合　展开运动算例树上的“Mates”文件夹，找到“Coincident12”。右键单击 0.1s 处的时间线并选择【压缩】。这将会在 0.1s 处生成一个压缩该配合的键码，因此在这个时间点之后不再起作用。

　　步骤 7　生成驱动“Piston”的马达　单击【马达】，在【马达类型】中选择【线性马达(驱动器)】，在【零部件/方向】中选择零件“Piston”的圆柱面，如图 7-2 所示。单击【要相对此项而移动的零部件】选项并选择“Motor”零部件。

　　选择【线段】，弹出【函数编制程序】对话框。在【值(y)】处保留【位移(m)】，并设置【自变量(x)】为【时间(秒)】。在表格中输入图 7-3 所示的数值。

　　单击【确定】以关闭【函数编制程序】对话框。单击【确定】以保存对【马达】的定义。

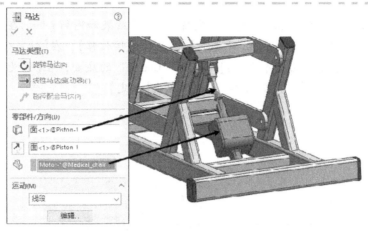

图 7-2　定义马达

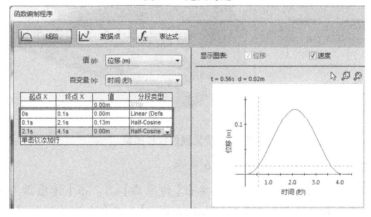

图 7-3　输入数值

步骤 8　对装配体添加引力　在 MotionManager 工具栏中，单击【引力】⬚。在【引力参数】的【方向参考】中选择【Y】。设定【数字引力值】为 9.81m/s²，如图 7-4 所示。单击【确定】✔。

步骤 9　运行仿真　单击【计算】⬚。

图 7-4　定义引力

7.3　传感器

传感器可监测所选零件和装配体的属性，属性可以来自几种不同的类型，如质量属性、Simulation 数据、Motion 数据等。Motion 数据传感器可以用于监测结果数值，例如位移、速度、加速度、力等。

用户可以设置当传感器数值偏离设置极限或达到特定的最大或最小值时，发出警告提示。

知识卡片	传感器	在设计算例中可以使用传感器来运行优化算例或评估特定的设计方案。
	操作方法	• SOLIDWORKS FeatureManager：右键单击【传感器】，并选择【添加传感器】。 • CommandManager：【评估】/【传感器】⬚。

步骤 10　图解显示"chair"的竖直位置　单击【结果和图解】。在【结果】中选择【位移/速度/加速度】作为类别，在【子类别】中选择【线性位移】，在【结果分量】中选择【Y分量】。在【选取单独零件上两个点/面】中选择"Couch"的底面，在【定义 XYZ 方向的零部件】中选择"Base_frame"，如图 7-5 所示。单击【确定】。

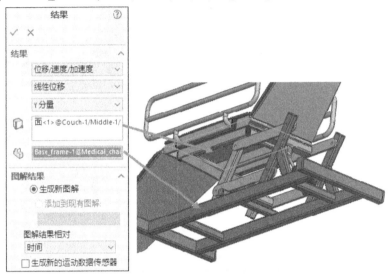

图 7-5　定义线性位移图解

将图解重命名为"Chair Y"，如图 7-6 所示。

步骤 11　为最大位移添加传感器　单击【传感器】。在【传感器类型】中选择【Motion 数据】，在【运动算例】中选择【Chair motion】，在【运动算例结果】中选择【Chair Y】。在【属性】中设置【准则】为【模型最大值】，注意不勾选【提醒】复选框，如图 7-7 所示。单击【确定】。

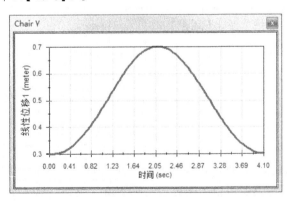

图 7-6　查看线性位移图解

图 7-7　定义传感器

提示　【提醒】可以通知用户传感器数值偏离了指定的范围。不勾选此复选框是因为在优化算例中将自动显示相违背的约束。

步骤 12　重命名传感器　在 SOLIDWORKS FeatureManager 中展开【传感器】文件夹，将上一步中创建的传感器重命名为"Max Displament"。

步骤13　为最小位移添加传感器　单击【传感器】🕐，在【运动算例】中选择【Chair motion】，在【运动算例结果】中选择【Chair Y】。在【属性】中设置【准则】🔲为【模型最小值】，并确保不勾选【提醒】复选框，如图7-8所示。

单击【确定】✔。将传感器重命名为"Min Displacement"。

步骤14　图解显示抬升座椅所需的力　在 Motion Manager 工具栏中单击【结果和图解】🔲。

在【结果】的类别中选择【力】，在【子类别】中选择【马达力】，在【结果分量】中选择【幅值】。在【选取平移马达对象来生成结果】中选择步骤7中生成的马达。该马达可以从 MotionManager 树中选取，如图7-9所示。

图7-8　定义传感器

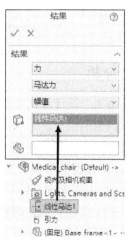

图7-9　定义马达力图解

将图解重命名为"Motor Force Plot"。所需力的大小约为2106N，如图7-10所示。

步骤15　为最大力添加传感器　单击【传感器】🕐，在【传感器类型】🔲中选择【Motion 数据】，在【运动算例】中选择【Chair motion】，在【运动算例结果】中选择【Motor Force Plot】。在【属性】中设置【准则】🔲为【模型最大值】，并确保不勾选【提醒】复选框，如图7-11所示。

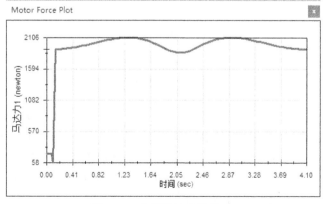

图7-10　查看马达力图解

图7-11　定义传感器

单击【确定】✔，将传感器重命名为"Motor Force"。

知识卡片	设计算例	使用设计算例可以方便地利用马达、几何体形状、弹簧和阻尼等设计变量分析装配体，然后可以将诸如位移、速度和加速度等结果绘制成设计变量的函数图解。 设计算例分以下两步进行定义： 1）必须指定各种参数（设计变量）。 2）生成设计算例，在算例中指定参数的传感器(组合)及其数值
	操作方法	● 菜单：【插入】/【设计算例】/【添加】。 ● CommandManager：【评估】/【设计算例】🔧🔩

知识卡片	参数	参数或设计变量是在设计算例中可以改变的数值，以研究装配体的行为。它们也可以用于优化算例，通过指定一系列的设计约束来优化设计。用户可以使用大多数参数，如马达、几何特征、弹簧和阻尼、接触等。
	操作方法	● 菜单：【插入】/【设计算例】/【参数】。 ● CommandManager：【评估】/【设计算例】/【参数】。

7.4 优化分析

优化分析由 3 个设计算例参数定义：变量、约束和目标。优化分析使用之前定义的算例来获取关于运动和约束的信息。

在操作之前，先介绍一些用于优化分析的术语：

1）变量。即在模型中可以更改的数值，可使用参数来定义。

2）约束。约束用于定义位移、速度等的允许范围，可以定义最小值和最大值。约束缩小了优化的空间。一个优化算例有两种可能的结果：第一种是达到了设计变量的极限，当设计变量达到其允许的范围极限时，优化设计便位于设计变量的边界；第二种可能的结果是满足了约束，此时优化设计位于临界约束的边界上。临界约束是指激活的约束，例如，位移达到了极限。

3）目标。也称为优化准则或优化目标，即定义优化的目标。

步骤 16 生成设计算例 单击【设计算例】🔧🔩，将"设计算例 1"重命名为"Chair Optimization"。设计算例的界面出现在屏幕的底部。它提供了两个视图样式：

● 变量视图。以变量的形式输入参数。

● 表格视图。显示每个变量的一组不连续数值。

整体变量是指可以用于方程式的数值或模型尺寸。模型中的所有整体变量显示在 FeatureManager 设计树中的【方程式】文件夹中。在优化算例中，可将驱动系统的整体变量用作变量，而将从动的整体变量用作约束。读者若想了解更多信息，请参考 SOLIDWORKS 在线帮助。

步骤 17 定义参数并添加为变量 在【变量视图】中单击【变量】下方的【添加参数】，系统将自动弹出【参数】对话框。在【类别】中选择【整体变量】。在【参考】中设置【整体变量】为【Scissor _ length = 0.5】。【数值】中将自动显示"0.5"，而【链接】区域中将显示" * "，这表明它与模型尺寸或方程式相关。在【名称】中输入"Scissor_length"，单击【应用】，如图 7-12 所示。单击【确定】以关闭【参数】对话框。

在下拉列表中指定【范围】，并在【最小】和【最大】数值框中分别输入"0.4"和"0.6"，如图 7-13 所示。

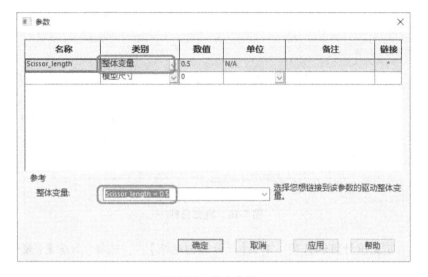

图 7-12　定义变量 1

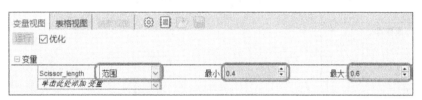

图 7-13　输入最大、最小数值

步骤 18　定义变量并输入数值　添加第二个变量，定义参数名称为"Scissor _ height"，在【整体变量】中选择【Scissor _ height = 0. 2】。

在【范围】的【最小】和【最大】值中分别输入"0. 15"和"0. 3"。

添加第三个变量，定义参数名称为"Piston_offset"，在【整体变量】中选择【Piston _ offset = 0. 5】。

在【范围】的【最小】和【最大】值中分别输入"0. 5"和"0. 7"，如图 7-14 所示。到此已经完成了对设计算例中变量的定义。

变量						
Scissor_length	范围	∨	最小:	0.4	最大:	0.6
Scissor_height	范围	∨	最小:	0.15	最大:	0.3
Piston_offset	范围	∨	最小:	0.5	最大:	0.7
单击此处添加 变量		∨				

图 7-14　定义变量 2

步骤 19　定义约束　从【约束】的下拉菜单中选择【Min Displacement】作为第一个约束。从下拉列表中选择【小于】并输入数值"0. 375m"。

选择【Max Displacement】作为第二个约束。选择【大于】并输入数值"0. 6m"。两个约束将自动加载参考算例"Chair motion"，如图 7-15 所示。这样便完成了设计算例中对约束的定义。

图 7-15　定义约束

步骤 20　定义目标　从【目标】的下拉菜单中选择【Motor Force】作为目标，并选择【最小化】。同样，参考算例被自动设置为"Chair motion"，如图 7-16 所示。

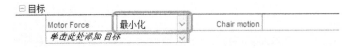

图 7-16　定义目标

步骤 21　定义设计算例选项　单击【设计算例选项】⚙，选择【高质量(较慢)】，如图 7-17 所示。单击【确定】✓。

步骤 22　运行设计算例　单击【运行】按钮，如图 7-18 所示。

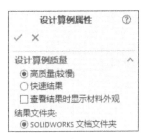

图 7-17　定义设计算例属性

图 7-18　运行算例

 提示　确保勾选了【优化】复选框。

步骤 23　优化设计　当算例运行完成时，【结果视图】选项卡处于激活状态，设计算例对话框显示的是全局结果。设计算例通过 15 个步骤才得到一个收敛解。

		当前	初始	优化	迭代 1	迭代 2	迭代 3	迭代 4
Scissor_length		0.400420	0.500000	0.400420	0.600000	0.600000	0.400000	0.400000
Scissor_height		0.229668	0.200000	0.229668	0.300000	0.150000	0.300000	0.150000
Piston_offset		0.699729	0.500000	0.699729	0.600000	0.600000	0.600000	0.600000
Min Displacement	< 0.375m	0.3748m	0.34911m	0.3748m	0.43571m	0.30581m	0.43571m	0.30581m
Max Displacement	> 0.6m	0.7352m	0.7352m	0.7352m	0.7352m	0.7352m	0.7352m	0.7352m
Motor Force	最小化	1466.56 牛顿	2105.95 牛顿	1466.56 牛顿	1655.5 牛顿	2788.71 牛顿	1393.25 牛顿	2125.57 牛顿

图 7-19　结果视图

对每个特定的迭代，都可以看到每个变量、约束和目标的数值，如图 7-19 所示。绿色列显示的是优化设计，红色列表示迭代未满足所有的设计约束。

步骤 24　查看最终设计　在表格第一行，如果单击【初始】、【优化】或任何一个【迭代】，都会显示模型的结果。通过显示这些图解，可以比较优化之前、优化之后和优化过程中的模型。

在优化设计中，剪刀架的长度由 0.5m 降到 0.400420m，剪刀架的高度由 0.2m 增加到 0.229668m，活塞的偏移量由 0.5m 增加到 0.699729m，如图 7-20 所示。

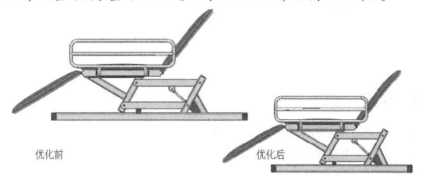

优化前　　　　　　　　　　　优化后

图 7-20　结果对比

步骤 25　检查优化结果　通过单击对应的列，用户可以查看每个迭代的结果。单击【优化】列，涉及的运动算例将会更新，以反映这次优化设计。

单击 "Chair motion" 算例选项卡，显示马达力的图解，如图 7-21 所示。

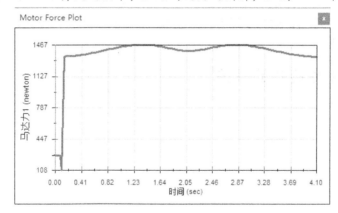

图 7-21　查看图解

所需的力从 2106N 降至 1467N，大约降低了 30%。

注意

在继续下一步之前，SOLIDWORKS 模型的几何体已经发生了改变。优化分析不应该在生成的零件文件上进行，而应该使用零件或装配体的本地副本进行。

步骤 26　保存并关闭文件

第8章 柔性接头

学习目标

- 了解柔性连接器（套管）
- 生成高级图解

8.1 柔性接头简介

在物理世界中，没有物体是绝对刚性的，因为材料具有弹性和塑性变形的能力。前面介绍的配合是将物体模拟为刚性的，这与实际不符。在本章中，将从刚性配合开始，然后将它们转为柔性配合，以使模拟更加真实。

8.2 实例：带刚性接头的系统

车辆在具有减速带的跑道上行驶，减速带的高度为 50mm，间隔为 2100mm。车辆行驶速度为 60km/h。设置一个悬架转向系统并测试其工作情况。

该模型是带有转向机构的短-长臂（SLA）悬架子系统的几何体，如图 8-1 所示。

8.2.1 问题描述

这个算例的目标是检查车轮在颠簸过程中竖直移动 50mm 时前束角的变化，以及方向盘转动的角度为 45°、0°和 -45°时，车轮呈现的前束角度。

首先采用刚性接头

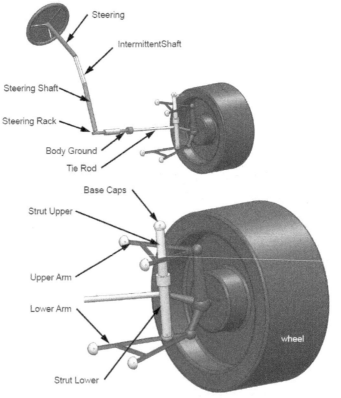

图 8-1 悬架子系统

扫码看视频

计算 3 个角度下的算例,然后将接头更改为柔性,再重新计算这个算例以进行比较。

8.2.2 关键步骤

为了分析此悬架子系统,需要通过以下几个步骤:

1) 创建配合。确保所有必需的机械配合已经包含在装配体中。
2) 定义运动。添加一个由频率驱动的线性马达,频率源自车辆速度和减速带的间隔。
3) 图解显示结果。图解显示轮胎的偏转角和竖直位移的关系。
4) 修改接头。将接头从刚性修改为柔性。
5) 重新运行算例。将算例结果与之前采用刚性接头的算例结果进行对比。

操作步骤

步骤 1 打开装配体文件 打开文件夹 "Lesson08\Case Study\Suspension-Steering System" 中的装配体文件 "Steering_Suspension_System"。

步骤 2 查看装配体 在创建运动算例之前,需要检查装配体,并确定各部件是如何连接的。

在 "Mates" 文件夹下有一个 "Angle" 配合,查看此配合。该配合用于控制方向盘的角度,后续将使用这个角度作为算例中的参数,因为可以使用该配合将方向盘旋转至特定的角度。

竖直移动轮胎并进行转动。注意到下臂没有连接到下支柱。同时看到轮胎可以转动,即便方向盘由于配合而不会转动。

图 8-2 零部件状态

6 个 "Base_Caps"(支柱的顶部以及每个臂各含两个)被固定而无法移动,如图 8-2 所示。

步骤 3 准备应用配合 在装配体中添加两个配合:一个齿条小齿轮配合将转向齿条连接到转向轴;另一个锁定配合将支柱的底部连接到下臂。

⚠ **注意** 在应用这些配合之前,轮胎需要恢复至原始零位置。

不保存并直接关闭此装配体,然后再重新打开文件以恢复至初始点,或使用【重装】将硬盘上的装配体复制到内存。

步骤 4 连接 "Base_Caps<5>" 至 "Lower_Arm" 在零件 "Lower_Arm" 和 "Base_Caps<5>" 之间添加一个【锁定】🔒配合。现在这两个零件被刚性地连接在一起。

步骤 5 浮动 "Base_Caps<5>" 打开这个装配体时,"Base_Caps<5>" 是【固定】的,现在已经和 "Lower_arm" 建立了【锁定】配合,所以必须移除【固定】配合才能保证悬架运动。右键单击 "Base_Caps<5>",并选择【浮动】。

步骤 6 在 "Steering_Shaft" 和 "Steering_rack" 之间生成齿条小齿轮配合 在通过蜗轮连接的 "Steering_shaft" 和 "Steering_rack" 之间添加一个【齿条小齿轮】⚙配合。当零件 "Steering"(连接着 "Steering_Shaft")转动 7° 时,零件 "Steering_rack" 的行程为 1mm。选择【齿条行程/转数】并输入 51.43mm[(360°/7°)×1mm/r=51.43mm/r]。

勾选【反转】复选框以更改至正确的方向,如图 8-3 所示。单击【确定】✓。

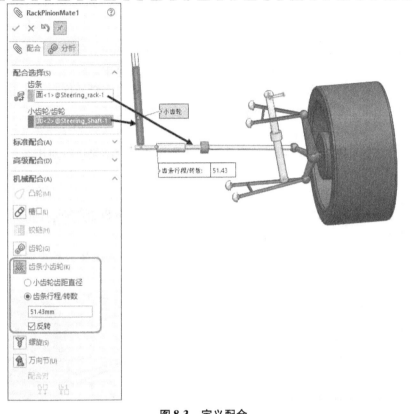

图 8-3　定义配合

8.2.3　车轮输入运动的计算

将简单的谐波函数运动施加到车轮上以模拟这个情形。为了达到这一目标，需要基于输入条件提前完成一些初步的计算。对于谐波函数，需要找到频率和幅值（在本示例中是指减速带 50mm 的高度）。

可以根据减速带的间距（2100mm）和速度（60km/h）来计算频率。

频率 = 速度/间距 = 60km/h/2100mm = 16666.67mm/s/2100mm = 7.94Hz。

要求的峰间值幅度为 50mm。

步骤 7　生成运动算例　新建一个运动算例，并将其命名为 "Tire"。

步骤 8　创建输入运动　下面将添加一个马达，目的是根据车辆以指定的速度驶过减速带的频率来驱动车轮竖直运动。单击【马达】，指定【马达类型】为【线性马达（驱动器）】。选择轮毂中心点作为马达的位置。在【马达方向】中选择零件 "wheel" 的上视基准面(Top Plane)。

 注意　用户必须使用零件 "wheel" 的上视基准面，而不是该零件的其他基准面。

在【运动】中选择【振荡】，将【位移】设定为 50mm，【频率】设置为 7.94Hz，保持【相移】为 0°，如图 8-4 所示。

单击【确定】。

步骤9 在 "Strut_Lower" 和 "Strut_Upper" 之间添加弹簧和阻尼 定义一个弹簧,连接顶部支柱的点(使用矩形草图的角点)和底部的边线。单击【弹簧】📋,设置【弹簧常数】为 60.00N/mm,设置【自由长度】为 405mm。添加线性阻尼并指定【阻尼常数】为 0.46N/(mm/s)。在【显示】组框中设定【弹簧圈直径】为60mm,【圈数】为 10,【丝径】为 10mm,如图 8-5 所示。单击【确定】✓。

步骤10 设置算例属性 设置算例属性,将【每秒帧数】设定为 500。

步骤11 运行算例 运行算例 0.12s,这是输入频率 7.94Hz 对应的一个周期。

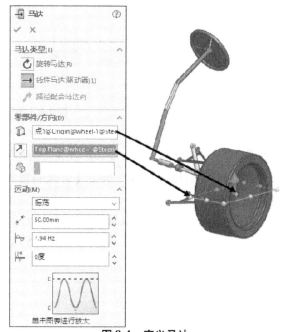

图8-4 定义马达

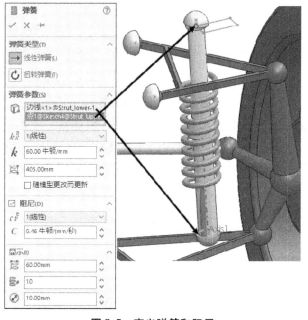

图8-5 定义弹簧和阻尼

127

8.2.4 理解前束角

从车的正上方看,如果车轮前端向内倾(呈内八字形),则称为"内束(toe-in)";如果车轮前端向外张(呈外八字形),则称为"外张(toe-out)",如图 8-6 所示,箭头表示汽车的行驶方向。这个值可以用度(°)为单位的前束角(车轮前端和车辆中线的夹角)或以轮距差(车轮前端和后端距离的差)表示。前束角的设置会影响汽车的性能,主要包括轮胎的磨损、直线行驶的稳定性和转弯时的处理特性。

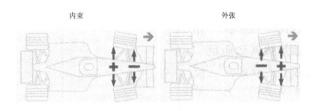

内束   外张

图 8-6　前束角

步骤 12　播放动画　慢速播放算例以观察运动，如果选择了【循环】🔄，则将连续播放。

步骤 13　图解显示偏航　单击【结果和图解】📊，选择【其他数量】、【俯仰／偏航／滚转】及【偏航】。

在【选择一个零件面来生成结果】中选择零件 "wheel" 的轮胎面，这将显示零件 "wheel" 质心的偏航图解。单击【确定】✔。从该图解可以轻易确定前束角，如图 8-7 所示。

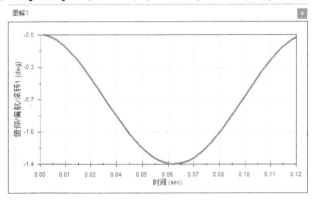

图 8-7　查看偏航图解

步骤 14　图解显示前束角与车轮高度（Y 向位移）的关系　上面的图解并不重要，因为真正重要的是前束角和主轴竖直位移之间的函数关系。编辑上一图解。在【图解结果相对于】内选择【新结果】，之后再依次选择【位移／速度／加速度】、【质量中心位置】及【Y 分量】，选择相同的车轮表面，单击【确定】✔。生成的图解如图 8-8 所示。

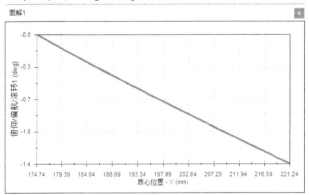

图 8-8　查看前束角与车轮高度的图解

步骤 15　查看图解　因为存在刚性接头，所以两条线彼此重叠：一条线对应车轮上升，另一条线则对应车轮下降。

8.3 套管

在前面的算例中，所有接头都是模拟为刚性的，而这不符合实际。在本章的后面部分，将更改接头为柔性，以更真实地模拟现实情况。

在模型上添加套管对象来模拟物理悬架上的柔性配合。套管单元允许在一定自由度下变形，但连接件被认定为刚性时，并不会考虑这种情况。在本章中，要注意"Lower_Arm"和"Base_Caps"是如何通过两个同轴心配合连接到一起的。为了模拟"Lower_Arm"和"Base_Caps"之间的柔性连接，可以使用套管来替代这两个配合。

汽车设计中的典型套管由钢-钢、聚氨酯或尼龙组成。这些套管的刚度和阻尼特性由SAE试验法测量获得，并取决于车辆的类型。

与刚性连接进行对比，各向异性的套管会极大地影响用户模型的运动学（外倾角、前束角）和动力学（接头、冲击力）结果。在下面的仿真中将使用各向同性的套管。

步骤16　查看模型中的配合　重新查看连接到"Lower_Arm"和"Upper_Arm"零件的配合，注意它们是如何连接到"Base_Caps"的。"Base_Caps"是连接到汽车结构框架的，在配合中不存在松弛。然而，在现实生活中会存在一些松弛，或在摆臂和"Base_Caps"之间存在一定作用。为了体现这种松弛，将使用柔性连接器，即套管。

步骤17　在"Base_Caps"和"Arms"之间创建套管　这里需要在本地编辑全局配合，因此必须保持在【运动算例】选项卡的同时，进入SOLIDWORKS Feature-Manage设计树中编辑配合。找到4个同轴心配合，即"Base_Caps 1"与4个上下臂之间的配合，按顺序依次编辑每个配合。

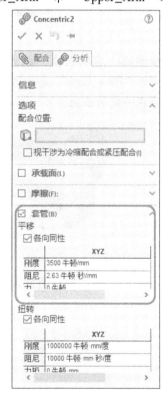

如图8-9所示，切换至【分析】选项卡，对每个配合做如下更改：

- 勾选【套管】复选框。
- 在【平移】和【扭转】中均勾选【各向同性】复选框。
- 在【平移】中，修改【刚度】为3500N/mm，【阻尼】为2.63N·s/mm，【力】为0N。
- 保留【扭转】的默认设置不变。

现在每个配合都将在配合类型旁边显示一个套管标志，如图8-10所示。

图8-9　定义套管

▾ 〚〛 Mates
　　◎ 〚 Concentric2 (Base_Caps<1>,Lower_Arm<1>)
　　◎ 〚 Concentric4 (Base_Caps<3>,Upper_Arm<1>)
　　◎ 〚 Concentric13 (Base_Caps<2>,Lower_Arm<1>)
　　◎ 〚 Concentric14 (Base_Caps<4>,Upper_Arm<1>)

图8-10　套管标志

步骤18　运行仿真

129

步骤 19 图解显示前束角与车轮高度(Y向位移)的关系 结果如图 8-11 所示。与步骤 14 中得到的结果进行比较，可以确定套管会影响前束角。

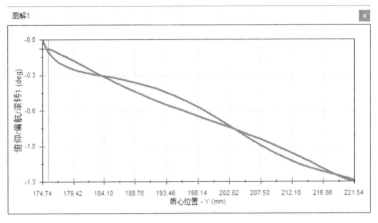

图 8-11 再次查看前束角与车轮高度的图解

步骤 20 查看仿真 放大"Lower_Arm"连接"Base_Caps"的区域。注意"Lower_Arm"与"Base_Caps"是如何连接的，如图 8-12 所示。在活动零件和"Base_Caps"之间仍会存在一定的松弛。

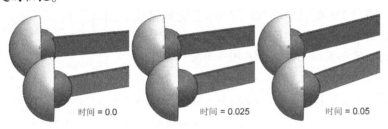

图 8-12 查看仿真结果

步骤 21 保存并关闭文件

第9章 冗 余

学习目标
- 了解冗余及其对仿真结果的影响
- 在机构中使用柔性配合自动消除冗余
- 分别对每个配合指定刚度
- 了解如何创建没有冗余的装配体

9.1 冗余概述

第2章中讲解了用于运动学仿真的建议装配方法,以及进行仿真的主要目标是获得位移、速度、加速度、冲击力或可能的一些反作用力。其中介绍了使用配合来连接装配零部件,从而限制一对刚体的相对运动。因此,配合决定了装配体的运动方式。在本教程的后续部分,将更加详细地讨论配合,包括每个配合所限制的自由度,以及配合对运动仿真结果的重要性。

在学习本章的内容之前,先回顾一些基本的术语和概念。每个不受约束的物体在空间上拥有6个自由度:相对于 X、Y 和 Z 轴的3个平移自由度和3个旋转自由度。任何刚体,即SOLIDWORKS零件或由子装配体形成的刚性连接零件,都拥有6个自由度。当使用配合连接刚性零件或子装配体时,每个配合(或连接类型)都将从系统中消除一定数量的自由度。最常用的配合及其约束的自由度见表9-1。

表9-1 常用的配合及其约束的自由度

配合类型	约束的平移自由度	约束的旋转自由度	约束的自由度总数	配合类型	约束的平移自由度	约束的旋转自由度	约束的自由度总数
铰链配合	3	2	5	万向联轴器配合	3	1	4
同轴心(2个圆柱)	2	2	4	螺旋配合	2	2(+1)	5
同轴心(2个圆球)	3	0	3	点对点重合配合	3	0	3(配合等同于同轴心的圆球配合)
锁定配合	3	3	6				

表9-2列出了一些特殊配合所能约束的自由度,可能这些配合并不代表真实的机构连接,但在连接的两个实体上的确施加了几何约束。

表9-2 一些特殊配合能约束的自由度

配合类型	约束的平移自由度	约束的旋转自由度	约束的自由度总数	配合类型	约束的平移自由度	约束的旋转自由度	约束的自由度总数
点在轴线上的重合配合	2	0	2	平行配合(两根轴)	0	2	2
平行配合(两个平面)	0	2	2	平行配合(轴和平面)	0	1	1

（续）

配合类型	约束的平移自由度	约束的旋转自由度	约束的自由度总数	配合类型	约束的平移自由度	约束的旋转自由度	约束的自由度总数
垂直配合（两根轴）	0	1	1	垂直配合（轴和平面）	0	2	2
垂直配合（两个平面）	0	1	1				

用户可以看到，配合的类型决定了约束自由度的数量，而且所选的实体对也很重要。

在图 9-1 所示的示例中，门由两个铰链连接。两个铰链都应该定义为运动学方案的铰链配合以获取运动结果。但由于存在冗余，当需要获得接合力或将零件输出到 SOLIDWORKS Simulation 进行应力分析时，这种方法就显得不足了。

根据自由度的数量，机械系统被划分为两类：

（1）运动学系统　对于运动学系统，配合和马达完全约束了所有机构的自由度。因此，基于配合和马达施加的运动，每个零件的位置、速度和加速度在每个时间步长内都是完全定义的。不需要质量和惯性等条件即可决定运动，这样的机构也就是说具有 0 个自由度。

如图 9-2 所示的剪式升降机，不管连杆或平台的质量是多少，或站在平台上的人的质量(外部载荷)有多大，剪式升降机的运动始终如一。当任何零部件或外部载荷发生变化时，只是驱动升降机所需的力发生改变。更大的质量意味着需要更大的力将载荷从某一高度升至另一高度。

（2）动力学系统　在动力学系统中，零件的最终运动取决于

图 9-1　带铰链的门

零部件的质量和施加的力。如果质量或作用力发生变化，运动表现也会不同。这样的机构也就是说具有超出 0 个的自由度。

在图 9-3 所示的球摆机构中，运动将随球体质量的改变而有所不同。如果用户用不同的力摆动左侧的球，整个球摆机构的运动也会不同。

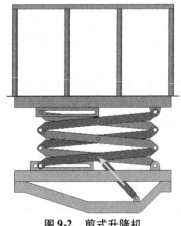

图 9-2　剪式升降机

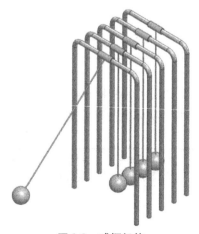

图 9-3　球摆机构

总的来说，运动学和动力学系统的主要区别在于：运动学系统的运动不受质量和施加载荷的影响，而动力学系统的运动可以通过改变质量和施加载荷来改变。

第 1 章到第 8 章所分析的所有系统都可以认为是运动学系统，即在给定配合和指定马达的情况下，系统的运动通常是唯一的。然而，在动力学系统中，这些系统产生的结果可能不是唯一的（例如，由于不存在唯一解而无法正确计算接头力）。本章将讲解冗余系统，即带有多余约束的系统（也可以称之为过约束系统）。

9.1.1　冗余的概念

将现实问题转化为数学模型求解时通常会涉及冗余，冗余是刚体运动仿真时的固有问题。理解冗余并了解其如何影响机构的仿真及结果是非常重要的。

从基本层面上讲，当有一个以上的配合约束零件的特定自由度时，将产生冗余约束。

SOLIDWORKS Motion 中的约束是通过在微分-代数方程（Differential and Algebraic equations，DAE）的控制系统中添加代数方程来消除系统的自由度（DOF）。

SOLIDWORKS Motion 使用 6 个代数方程描述被配合约束的自由度（见图 9-4）。方程 1~3 约束了平移自由度，而方程 4~6 约束了旋转自由度，其中"i"和"j"分别表示第一个和第二个零件。上面的方程可以理解为：

$$X_i - X_j = 0 \cdots\cdots (1)$$
$$Y_i - Y_j = 0 \cdots\cdots (2)$$
$$Z_i - Z_j = 0 \cdots\cdots (3)$$
$$Z_i \cdot X_j = 0 \cdots\cdots (4)$$
$$Z_i \cdot Y_j = 0 \cdots\cdots (5)$$
$$X_i \cdot Y_j = 0 \cdots\cdots (6)$$

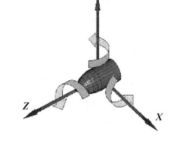

图 9-4　自由度约束

1）$X_i - X_j = 0$ 表示"i"零件的全局 X 坐标必须始终与"j"零件的 X 坐标相同。

2）$Y_i - Y_j = 0$ 表示"i"零件的全局 Y 坐标必须始终与"j"零件的 Y 坐标相同。

3）$Z_i - Z_j = 0$ 表示"i"零件的全局 Z 坐标必须始终与"j"零件的 Z 坐标相同。

4）$Z_i \cdot X_j = 0$ 表示"i"零件的 Z 轴始终垂直于"j"零件的 X 轴（即不会绕着共同的 Y 轴旋转）。

5）$Z_i \cdot Y_j = 0$ 表示"i"零件的 Z 轴始终垂直于"j"零件的 Y 轴（即不会绕着共同的 X 轴旋转）。

6）$X_i \cdot Y_j = 0$ 表示"i"零件的 X 轴始终垂直于"j"零件的 Y 轴（即不会绕着共同的 Z 轴旋转）。

方程 4~6 中的符号"·"表示点积运算。当两个矢量的点积为 0 时，矢量间相互垂直。

模型中每个固定配合使用 6 个方程（1~6），同轴心配合（两个球）使用 3 个方程（1~3），铰链配合使用 5 个方程（1~5）。

注意这些配合是如何使用方程 1 和 2 的。任何对自由度的重复约束都将导致系统的过约束，或者说引入了冗余约束方程。

SOLIDWORKS Motion 通过输出警告信息帮助用户了解哪些方程是冗余的，哪些自由度并不需要被约束。当有冗余约束时，意味着有两个或更多的配合都试图控制某个特定的自由度。在简单情况下，解算器将自动移除冗余约束方程以消除冗余。在复杂情况下，解算器移除的可能不是正确的方程，这将影响到原始设计。

⚠ 注意　这会导致仿真还在运行，但给出了错误的运动或答案。

9.1.2　冗余的影响

冗余会导致两种错误：

1）求解过程中，仿真失败。在解算器求解的过程中，它会不断地重新评估系统冗余度并将冗余从机构中移除。有时在重新评估过程中，会根据当前的位置和方向移除不同的冗余约束，这潜在地导致了模型的不一致。因为解算器并不能理解机构的设计意图，它将任意移除数学上有效但从功能角度看来无效的冗余。

2）力的计算不正确。后面将用一个示例来说明这个问题。

9.1.3　在解算器中移除冗余

实际上在运行仿真前，解算器将检测机构是否包含冗余。如果检测到有冗余存在，解算器将尝试移除冗余，只有在移除成功后，解算器才继续运行仿真。在每个时间步长内，解算器会重新评估冗余并在需要时将其移除。

冗余的移除有一定的层级，解算器按以下顺序移除冗余：

- 旋转约束。
- 平移约束。
- 运动输入（马达）。

按照这个顺序，解算器首先寻找可被移除的旋转约束。如果不能移除任何旋转约束，它将尝试移除平移约束。如果不能移除任何平移约束，最后将尝试移除输入的运动（作为最后的手段）。

如果所有尝试都失败了，解算器将终止求解，并用消息通知用户检查机构中的冗余约束或不相容的约束（或查看是否处于锁定位置）。

9.2　实例：门铰链

下面通过研究门机构来分析冗余的移除过程。创建系统连接最直观的方法是重新构建物理现实。例如，当看到铰链时，希望使用铰链配合对其进行建模。如果在同一个零件（如这扇门）上有两个铰链，并且用户也放置了两个铰链配合，此时系统就包含了冗余。

9.2.1　问题描述

本示例分析的对象是一个包含门和门框的简单门，如图 9-5 所示，门通过两个铰链连接在门框上。在门的重力作用下，确定两个铰链上的力。

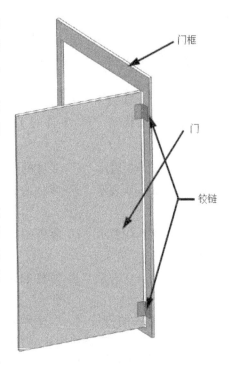
扫码看视频

图 9-5　门铰链

操作步骤

步骤 1　打开装配体文件　从文件夹"Lesson09\Case Study\Redundancies"内打开装配体文件"Door"。

步骤2　将门设为浮动　打开装配体时，两个零部件都是固定的，即为零自由度。右键单击"door"并选择【浮动】。

步骤3　添加铰链配合　为了更加容易地选择铰链配合的面，将门先移开一小段距离。单击【铰链】，选择如图9-6所示的面。单击【确定】。

> 提示　该配合被添加为本地配合还是全局配合并不重要。

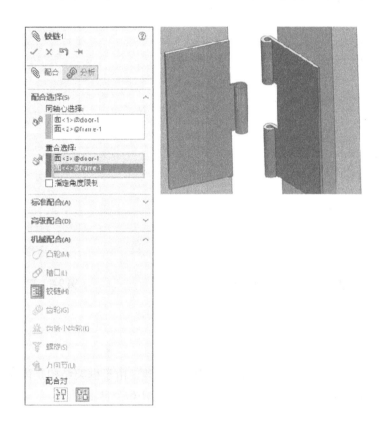

图 9-6　添加【铰链】配合

步骤4　添加另一个铰链配合　对底部的铰链添加第二个【铰链】配合。

步骤5　查看门的质量　单击【质量属性】，从列表中清除"Door"装配体并选择零件"door"。单击【重算】。门的质量为 28020.63g，因此门在竖直方向的作用力应该为 274.8N，如图9-7所示。

步骤6　新建运动算例

步骤7　添加引力　单击【引力】，在 Y 轴负方向添加引力，单击【确定】。

步骤8　更改算例属性　单击【运动算例属性】，并设置【每秒帧数】为50。确保不勾选【以套管替换冗余配合】复选框，如图9-8所示。后续会讨论此选项，单击【确定】。

135

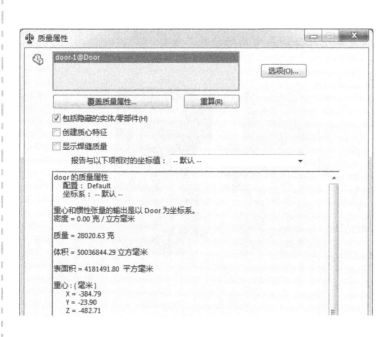

图 9-7 【质量属性】对话框

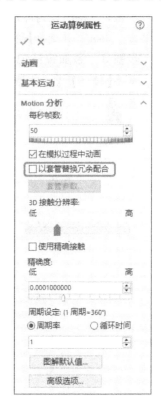

图 9-8 更改运动算例属性

9.2.2 自由度计算

接下来查看一下当前添加的配合约束了多少个自由度。由于框架结构是固定的实体，它没有自由度，装配体中唯一浮动的实体是门，因此该机构包含 6 个自由度。

定义在模型中的两个铰链配合，每个都约束了 5 个自由度。

9.2.3 实际自由度和估计的自由度

由上文可知，该系统当前的自由度为 $6 - 2 \times 5 = -4$，根据这个估计值，可以发现系统是过约束的。这个简单计算被称为近似法（或 Gruebler），而且也非常容易获得。这个值表示此机构可能不能运动。然而，很显然的是，门可以绕铰链转动，因此从工程角度上讲不应该发生过约束。使用工程方法，可得知该机构拥有 1 个自由度（绕铰链旋转）。这个值被称为实际值，这比获取上面提到的估计值要更加复杂。

因此系统中冗余约束的数量为 $6 - 2 \times 5 - 1 = -5$，即该系统带有 5 个冗余约束。从数学的观点来说，门的关闭和打开都不需要这些约束。事实上，移除其中一个铰链并不会改变系统的运动学属性。

步骤9 运行仿真 运行仿真 1s 的时间，该装配体不会发生运动。下面将借助 SOLIDWORKS Motion 中的内部功能来查看自由度和冗余的数量。

知识卡片	自由度计算	不用手工计算自由度，SOLIDWORKS Motion 可以快速为用户计算自由度。
	操作方法	●快捷菜单：右键单击 MotionManager 树中的本地配合组，并选择【自由度】。

步骤10　使用仿真面板计算自由度　完成算例后，在运动算例的 FeatureManager 中，"Mates" 文件夹将显示为 "Mates(5 冗余)"，这与刚才计算所得一样。右键单击当地 "Mates" 文件夹并选择【自由度】，系统将弹出如图 9-9 所示的【自由度】对话框。在其中可以查看移动(浮动)零件的数量、配合的数量(体现为运动副)、估计和实际的自由度数量，以及总的多余约束数。

SOLIDWORKS Motion 计算得到 5 个冗余约束，该机构是过约束的。

和上面提到的一样，导致这个结果的原因是第二个铰链。从数值上讲，一个铰链配合足够模拟铰接条件，但这也可能是不充分的，当需要计算两个铰链的反作用载荷时尤其如此。

为了得到唯一解，程序将强制移除 5 个冗余约束。这种选择是由程序内部完成而无需用户介入的。用户也可以从上面的列表中找到被去除的冗余自由度。下面将查看接合处的力，以揭示冗余的结果。

图 9-9　自由度结果

步骤11　图解显示铰链配合的反作用力　门所受的重力大约为 274.8N。重力作用在全局的 Y 轴负方向。两个铰链配合应当均分此载荷。下面来验证这一点。创建两个图解以显示两个铰链的【Y 分量】反作用力。当定义图解时，将得到以下警告："此运动算例具有冗余约束，可导致力的结果无效。您想以套管替代冗余约束以确保力的结果有效吗？注意此可使运动算例的计算变慢。"

137

因为冗余配合是本章的主题，这里将首先分析冗余配合时的情况。单击【否】。其中一个铰链配合的反作用力为 0，如图 9-10 所示，这并不是真实的情况。在另一个铰链配合中得到的反作用力为 274.8N，如图 9-11 所示。

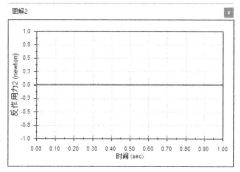

图 9-10　"铰链 2" 的反作用力图解

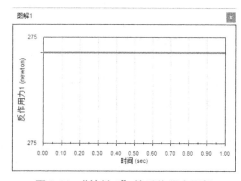

图 9-11　"铰链 1" 的反作用力图解

可以看到一个铰链配合承担了所有 274.8N 的力，而另一个铰链则没有承担载荷。力在两个铰链上的分布是错误的。

下面分析一下为什么仿真会给出这样的结果。在步骤 10 中使用了仿真面板计算了该机构的自由度。注意其中的冗余约束"铰链 2，沿 Y 平移"说明该机构已经由"铰链 1"配合完成了 Y 方向的约束。"铰链 2"配合约束了相同的自由度但会被忽略。因此，在"铰链 2"配合上没有计算 Y 方向的反作用力。在仿真时间内，门的整个重力将作用在"铰链 1"上。

同样，其他冗余约束的结果也将被忽略，因此会得到 0 值。下面将通过使用柔性连接选项来避免此问题。

9.2.4 使用柔性连接选项移除冗余

在前面的讨论中提到冗余可能导致：

- 求解过程中，仿真失败。
- 力的计算不正确。

通过使用更贴近真实产品机械连接的配合，可以将第一点的影响降至最低（尽管并非总是可以避免）。例如，门—框装配体的两个铰链可以使用两个铰链配合连接在一起，因为这最接近真实的连接类型。或者，也可通过使用更简单的诸如点在轴上（或类似的）的配合，以手工降低冗余约束数量的方式来降低第一点的影响。然而，在处理复杂装配体时使用手工方式会是十分困难的，并且可能需要使用配合设计和自由度计算的迭代方法。例如，假设在当前的门示例中删除一个铰链配合后，冗余约束的数量也为 0，Y 方向的结果也会变得相同。

通过手工修改配合来移除指定的（或所有位置的）冗余以及手工重新调整作用力的分布，或使用第 8 章介绍的柔性配合技术，可以解决第二点的影响。对于前者，假设将一个冗余的铰链配合从仿真中删除，所有载荷随之将被余下的铰链配合承担。在熟知几何体的情况下，可以手工重新调整以均布在两个配合中。在简单的设计或载荷（如本示例中的门）以及许多对称的机构（例如叉车）中，这种方法可能有效。对于后一种方法，当使用柔性配合取代数学上的刚性配合时，配合在各个方向上的刚度决定了反作用力的分布。

虽然这种方法仍然是近似的，但与无限刚性的情况相比，它可以提供更符合实际的力分布。

当用户生成柔性配合时，机构将更新并使用具有基本配合类型的套管来表示，而不是使用刚性约束。配合的运动和摩擦并不会受柔性配合的影响。

9.2.5 柔性配合的局限性

使用柔性配合时，可能存在以下限制：

1）在一些模型中，由于产生了动态效果，使用套管将减缓求解的速度。

2）不能说明求解中零件的刚度，因此由零件刚度引起的载荷分布可能与套管约束的解不同。套管方法将保证在所有配合位置均获得力的结果。但这种局限性也存在于刚性配合的实例中。

3）高级配合并不支持柔性连接。请参考帮助文档查看可被柔性化的连接列表。

4）如果机构从动力学状态开始，当模型达到初始平衡时，初始力可能存在峰值（这在刚性连接上无法看到）。峰值是由零件的初始状态不平衡和套管抵抗速度、加速度的快速变化而产生的。如果模型从强迫运动开始（例如恒定速度），请尝试在一定时间内将运动从 0 提高到预定值以消除或减小这种现象（例如使用步进函数在一定时间内将速度从 0 逐渐提高到预定值）。

5）可能需要输入最佳的配合刚度和阻尼特性。这可能需要采用迭代的方法。

可以柔性化的连接包括固定、旋转、平移、圆柱、万向联轴器、球、平面、方向、在线上、

138

平行轴、在平面和垂直。

在 SOLIDWORKS Motion Simulation 中，可以通过以下两种方式引入配合的柔性状态：

1）使用运动算例属性中的【以套管替换冗余配合】选项。在【运动算例属性】中选择【以套管替换冗余配合】。这种方法可仅将一组整体刚度和阻尼属性分配给由某些算法选定的配合中。完全由算法自动确定哪些配合为柔性，哪些配合保持刚性。这种方法适合大多数情况。

2）手工对所选（或所有）配合指定单个的刚度值。这种方法适合所有情况，但相当耗时。用户可能需要使用本地配合，优点是无需更改装配体建模者的设计意图。

当配合变为柔性时，套管图标 将显示在 MotionManager 树中配合图标的旁边。

知识卡片	套管属性	定义完套管后，用户可以定义它们的平移、旋转刚度和阻尼。
	操作方法	● MotionManager 工具栏：在【运动算例属性】中，单击【套管参数】。

在下面的部分中，将使用【以套管替换冗余配合】选项来正确地求解这个门的实例。

在本章的练习中将手工为所选配合指定单独的刚度值，并通过建立无冗余的装配体模型来手工移除冗余约束。

步骤12　将接头改为柔性　为了使所有机构中的接头变为柔性，需要进入【运动算例属性】中选择【以套管替换冗余配合】。单击【套管参数】，可以更改铰链的刚度和阻尼值，如图 9-12 所示。为了观察配合刚度对结果的影响，请完成随后的练习。单击【确定】两次。

图 9-12　【套管参数】对话框

步骤13　运行仿真　请注意 MotionManager 中 "Mates" 文件夹内的配合图标发生的变化。闪电符号 表示软件强制将此配合改为柔性，而不是由用户手工指定的（如第 8 章的实例），如图 9-13 所示。

步骤14　查看结果　两个配合【反作用力】的【Y 分量】显示的数值为 137.5N，如图 9-14 所示。门的重力现在正确地被两个铰链配合分担了。

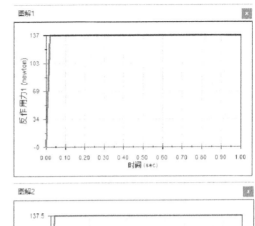

图 9-13　柔性配合的特定符号　　　　图 9-14　再次查看两个铰链的反作用力图解

提示　　　将所选（或所有）配合变为柔性的方法在前面的章节中进行了介绍，这里不再演示。

步骤 15　保存并关闭文件

注意　　　建议用户仔细阅读下文并做完随后的练习。掌握冗余非常重要，为了正确进行动力学分析（当需要正确分析力的分布时），必须理解透彻。

9.3　检查冗余

如前所述，使机构具有合适的约束以获得所需运动是十分重要的。下面从运动学和动力学两种不同角度分析在系统中需要的必有自由度约束。

通过 Gruebler 数可以快速显示系统是否过约束：

1）如果 Gruebler 数大于 0，模型为欠约束（动力学）。

2）如果 Gruebler 数等于 0，模型为全约束（运动学）。

3）如果 Gruebler 数小于 0，模型为过约束（冗余）。

机构建模的一个重要方面是识别连接零件中受约束的自由度并确保它们不重复。在非常复杂的装配体中这非常困难，但能保证用户获得所需的运动和力的结果。如果不考虑这些内容，冗余约束可能会导致仿真无法正常进行。

9.4　典型的冗余机构

在实际情况下，某些机构会因自身特性而包含冗余，装配公差、斜度和刚度等可使机构正常工作，但在数学模型中它们是无效的。下面是这类机构中的两个示例。

9.4.1　双马达驱动机构

从运动学角度来看，仅需要一个马达即可驱动零部件，如图 9-15 所示。而在实际情况中，会使用一对马达提供从一端到另一端载荷的平衡。运动仿真的主要问题在于运动是在特定自由度下的强制性位移，特定自由度受两个马达约束。因此，两个马达导致了冗余。这将导致两种情况：一种情况是仅一个马达承担载荷，而另一个没有承担；另一种情况是在系统中引入了人为的载荷(大小相等、方向相反)，从而导致不正确的驱动力结果。解决此问题的方法是使用非刚性连接将每个马达连接至机构，或者使用基于力的移动而不是基于运动的移动。

9.4.2　平行连杆机构

剪式升降机是一个典型例子，如图 9-16 所示。在仿真设计中该机构的一侧是冗余的，但实际上结构两侧提供了均衡的载荷，并使设计更加容易。使用轻型撑杆比设计重型撑杆更为简单，轻型撑杆仅承受平面内载荷，而重型撑杆必须同时承受平面内载荷和平面外扭转载荷。对机构而言，对一侧进行建模而让另一侧"搭便车"会更为简单。在分析类似的机构时，可以将重复的零件连接在一起，或使用固定的接头将它们锁定在一起，然后删除所有重复的约束。当获取接榫载荷时，记得把它除以 2。同时，记住平面外力矩可能是由于一侧建模的非对称性造成的，该力矩应该等于反作用力与举起平台的两侧距离乘积的一半(参考"练习 9-3　运动学机构")。

图 9-15　工程车

图 9-16　剪式升降机

练习 9-1　动力学系统 1

本练习将演示一个简单的动力学系统，表现 4 个球体在密闭容器中下落的过程，如图 9-17 所示。

本练习将应用以下技术：

● 动力学系统。

本练习中的 4 个铝球被封装在一个密闭容器中，它们将在重力的作用下下落。零部件中没有任何配合，查看此动力学系统的运动。

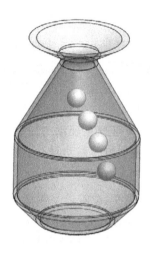

图 9-17　容器

操作步骤

步骤 1　打开装配体文件　打开文件夹 "Lesson09\Exercises\Vase with Spheres" 内的装配体文件 "Vase with Spheres"。

步骤 2　新建一个运动算例

步骤 3　添加引力　在 Y 轴负方向添加引力。

步骤 4　添加接触　在所有零部件之间添加接触，两种【材料】都指定为【Aluminum（Greasy）】，勾选【摩擦】复选框并使用默认数值。

步骤 5　运行算例　运行算例 1s 的时间。

步骤 6　查看结果　有一些球体掉出了容器。产生这个结果的原因可能是时间步长太大，也可能是接触定义不精确。

步骤 7　更改算例参数　更改运动算例属性，将【每秒帧数】设置为 600，以在硬盘上保存更多的数据，并勾选【使用精确接触】复选框。

步骤 8　运行　运行该仿真。现在 4 个球体都位于容器中，当球体下落时，它们彼此之间和容器之间都会发生相互作用。

步骤 9　播放动画　以 10% 的速度播放此算例，并查看球体的运动。

步骤 10　保存并关闭文件

扫码看视频

练习 9-2　动力学系统 2

这是另一个动力学系统的练习，如图 9-18 所示。在本算例中，将手工计算的自由度与 SOLIDWORKS Motion 计算的结果进行对比，并研究冲击力从弹性变为塑性时产生的影响。

本练习将应用以下技术：

● 泊松模型（恢复系数）。

● 动力学系统。

本练习中的 5 个球体都连接到了独立的支架中。将一个球体从其他球体上拉开并释放。在弹性和塑性冲击的作用下，

图 9-18　球摆

查看 5 个球体的运动。

操作步骤

　　步骤1　打开装配体文件　打开文件夹 "Lesson09\Exercises\Momen-tum" 内的装配体文件 "Momentum"。

扫码看视频

　　步骤2　计算自由度　手工计算支架中任意一个小球的自由度,这里的自由度应该为正数,以确定这是一个动力学系统。

　　步骤3　新建算例　新建一个算例,并将其命名为 "Rest Coef = 1.0"。

　　步骤4　添加引力　在 Y 轴负方向添加引力。

　　步骤5　添加接触组　在发生撞击的球体之间添加 4 对接触面组。不勾选【材料】和【摩擦】复选框。在【弹性属性】中选择【恢复系数】并设置为 1,因为这是一个弹性碰撞,如图 9-19 所示。

　　步骤6　定义运动算例属性　设置【每秒帧数】为 90,勾选【使用精确接触】复选框。在【高级选项】中选用 WSTIFF 积分器。

　　步骤7　运行算例　运行算例 2s 的时间。

　　步骤8　查看结果　此时看到的几乎是完全的弹性接触。如果这是完全弹性的,则无法看到内部球体的运动,然而由于使用的数值方法存在少量误差,所以此时可以在计算过程中看到一些运动。

　　步骤9　计算自由度　由于已经运行了此算例,所以可以让

图 9-19　定义接触

SOLIDWORKS Motion 来计算自由度,并与手工计算的结果进行对比。

　　本练习中有 5 个运动的零件,每个零件拥有 6 个自由度,因此总共有 30 个自由度。5 个铰链配合移除了 25 个自由度,最后留下 5 个自由度,如图 9-20 所示。

　　步骤10　复制算例　将复制的算例命名为 "Rest Coef = 0.1"。

　　步骤11　编辑接触　编辑 4 个接触并将【恢复系数】更改为 0.1。这是一个近乎塑性的冲击。

　　步骤12　运行算例

　　步骤13　查看结果　在塑性冲击下,第一个球体发生接触后,所有球体会一起移动,这和预期的一样。

　　步骤14　保存并关闭文件

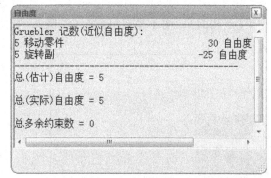

图 9-20　自由度结果

143

练习 9-3　运动学机构

　　本练习将演示一个运动学机构,如图 9-21 所示。运动学机构的基本特征与加载的力和马达无关,而只可能发生单个运动,这与可能存在多个运动的动力学机构(在前面的练习中演示过)恰好相反。本练习中演示的剪式升降机无冗余特征,并且只有一个 "实际" 自由度。下面将使用马达来约束最后一个自由度。

本练习将应用以下技术：

- 运动学系统。
- 在解算器中移除冗余。
- 冗余的影响。
- 查看接榫处的力，以揭示冗余的结果。
- 检查冗余。

分析用于构建此装配体的配合。请注意，正如在前面讨论中所建议的一样，对称机构只有一半有配合。对称位置的零部件随配合的零部件同步移动。装配体具有大量几何约束（非机械配合，例如一个点和轴线的重合，或两个平面的重合），如图 9-22 所示。

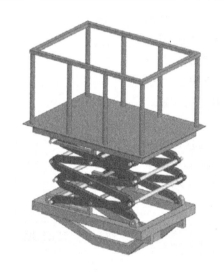

图 9-21　升降机

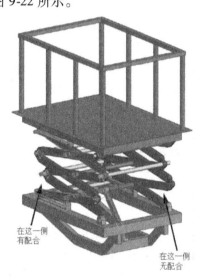

图 9-22　配合关系

查看单个配合，例如"Coincident 14"。可以发现，这和装配体中的其他许多配合一样，是几何约束（点和面），而不是机械配合（铰链），如图 9-23 所示。

图 9-23　查看配合

扫码看视频

使用这样的配合需要存在参考实体，而且创建过程可能很耗时。因为在每次添加刚性零部件后都必须检查自由度数量。由于时间限制，本练习不会演示以这种方式构建整个装配体的过程。

操作步骤

步骤1 打开装配体文件 打开文件夹"Lesson09\Exercises\Kinematic Mechanism"内的装配体文件"Scissor_Lift"。

步骤2 查看装配体 查看装配体的已有配合并移动装配体。在已有配合的作用下，唯一允许的运动就是竖直移动平台的动作，如图9-24所示。

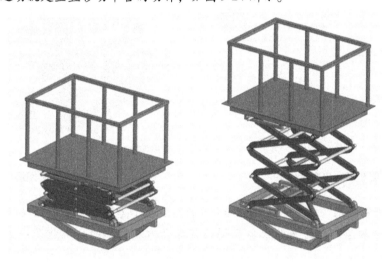

图9-24 升降机动作

步骤3 新建运动算例 新建一个运动算例。

步骤4 添加马达 在活塞上添加一个【线性马达】以驱动装配体的运动。设置运动为【振荡】，输入数据100mm和0.5Hz。设置【相移】为0°。

设置运动相对"cylinder"移动，如图9-25所示。

步骤5 设置运动算例属性 设置运动算例属性，并指定【每秒帧数】为50。

步骤6 运行算例 运行算例5s的时间。

步骤7 计算自由度 在本地配合组中，右键单击"MateGroup1"，并选择【自由度】。因为添加了马达，现在的自由度总数为0，如图9-26所示。

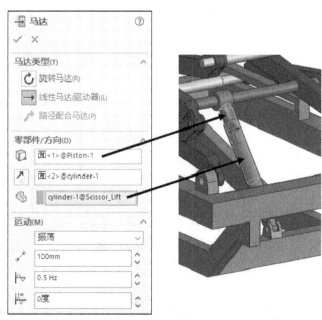

图9-25 定义马达

步骤 8　图解显示力　为了观察使用单侧来模拟装配体几何配合的结果，下面将在 "Concentric14" 和 "Coincident9" 这两个配合中图解显示力，如图 9-27 所示。在全局坐标系下对每个配合生成图解，选择【反作用力】的【Z 分量】。

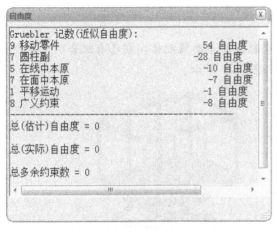

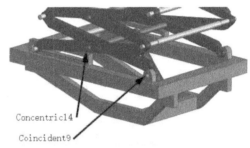

图 9-26　自由度结果　　　　　　　　　图 9-27　定义图解

步骤 9　查看图解　配合 "Coincident9" 的图解显示力的最大值为 15166N，如图 9-28 所示。由于冗余的原因，这是装配体两侧的实际合力。实际的力应该是一半的值，大约为 7583N。

对 "Concentric14" 而言，最大合力为 9536N，意味着每边承受 4768N 的力，如图 9-29 所示。

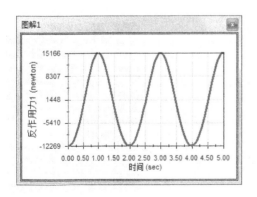

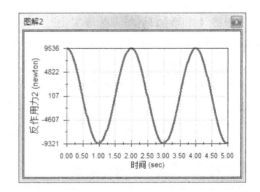

图 9-28　查看配合 "Coincident9" 的
反作用力图解

图 9-29　查看配合 "Concentric14" 的
反作用力图解

提示　　　装配体每侧在每个接头处承受总力的一半，这样的假设是基于装配体的载荷是对称的。

步骤 10　**图解显示力矩**　为配合"Tangent3"生成【反力矩】的【X 分量】图解，如图 9-30 所示。

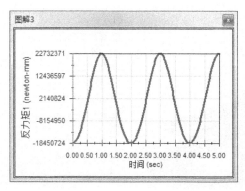

图 9-30　查看配合"Tangent3"的反力矩图解

如果装配体两侧承受的载荷是对称的，这个关于全局 *X* 轴的力矩应该等于 0。此力矩只是该装配体按构建方式所得的产物，将由相对一侧的反作用力来补偿。

步骤 11　**保存并关闭文件**

练习 9-4　零冗余模型——第一部分

本练习将演示一个机构的构建过程，该机构是练习 9-3 中具有零冗余模型的一部分，如图 9-31 所示。这里将重新使用从练习 9-3 获得的模型，即运动学机构，并研究模型构建的早期阶段。该模型将具有一个冗余，本练习的目标是在多个几何约束（诸如点和轴的重合一类的简单配合）的帮助下移除此冗余约束。

本练习将应用以下技术：

- 冗余。
- 冗余的影响。
- 在解算器中移除冗余。
- 检查冗余。

扫码看视频

147

本练习将以剪式升降机为对象，练习移除并控制模型自由度数量的方法。此处只使用基座和第一层剪式支架，其余的零部件都已经被压缩，主要研究的零部件为"cylinder"和"piston"。

操作步骤

步骤 1　**打开装配体文件**　打开文件夹"Lesson09\Exercises\Zero Redundancy Model"内的文件"Scissor_Lift. SLDASM"。"platform"和"layers3"～"layers6"都已经被压缩了。

步骤 2　**运行分析"Exercise Study"**　马达已经设置完毕，与在练习 9-3 中使用的一样，因此用户只需单击【计算】即可。

步骤 3　**查看自由度**　本地配合组中显示有一个冗余。右键单击"MateGroup 1"，并选择【自由度】。在总（实际）自由度为 0 时，此机构将按照预期运动。此时还可以看到一个冗余约束，并且绕 *X* 轴转动的冗余约束"Concentric16"被移除，如图 9-32 所示。

图 9-31　折叠架

图 9-32　自由度结果

步骤 4　确定方向　这个冗余约束与本地 X 轴有关，该如何确定这个本地坐标轴的方向呢？这里需要生成一个基于配合的图解。"Concentric16" 是 "cylinder" 和 "piston" 之间的配合。对 "Concentric16" 生成一个图解，选择【反作用力】和【Y 分量】。实际上，用户不需要完成图解。一旦选择了相关项目，便可以看到三重轴，如图 9-33 所示，X 方向沿着两个零件的共同轴线。当观察到这个方向之后，单击【取消】离开图解。

这个同轴心配合是冗余的，因为 "cylinder" 和 "piston" 都不能绕这个轴转动。"cylinder" 和 "Base" 存在铰链配合，而 "piston" 与横杆之间存在一个同轴心配合。

步骤 5　移除配合　"cylinder" 和 "piston" 需要保持同轴心，因此不能删除该配合。但可以使用两个简单的配合替换铰链配合，从而移除 5 个自由度。

删除配合 "Hinge1"。"cylinder" 的末端现在可以自由移动了，如图 9-34 所示。

步骤 6　添加配合　对下面的配合，将使用点和轴进行配合，所以需要使二者可见，如图 9-35 所示。

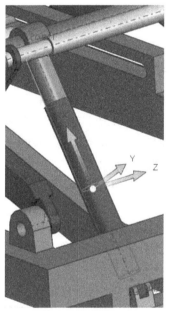

图 9-33　确定方向

图 9-34　移除配合

图 9-35　添加配合

148

在"cylinder"末端的孔内已经创建了两个点。"Point1"位于孔的轴线上，在两个平行面的中间位置。"Point2"也位于孔的轴线上，但与一侧的表面共面。在"Point1"和支架孔的轴线之间添加【重合】配合，如图9-36所示。在"Point2"和支架凸台的内侧面之间添加第二个【重合】配合，如图9-37所示。

 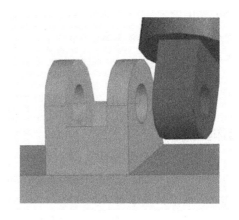

图9-36　添加第一个【重合】配合　　　　　　图9-37　添加第二个【重合】配合

步骤7　运行　运行仿真并观察结果，此算例能够正确运行。

步骤8　检查自由度　右键单击"MateGroup1"，并选择【自由度】。可以看到仍然存在一个总自由度，如图9-38所示。但对运动学系统而言，自由度应该为0。

步骤9　保存并关闭文件　如果用户需要继续下一个练习，则可以保持装配体的打开状态。否则，请保存并关闭文件。

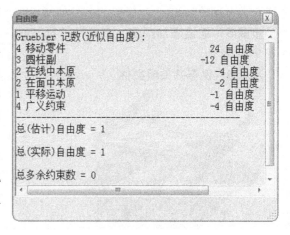

图9-38　检查自由度

本练习演示了如何检查、删除和替换具有冗余约束的配合，并使用简单的几何约束（如点和轴的重合）组合进行了替换。和前面练习中提到的一样，这种技术需要额外的参考几何体（点、轴），并且创建过程可能非常漫长。因此，当其他技术无法给出所需的结果时再考虑使用这种方法。总的来说，没有冗余的模型要比带有多个冗余的模型更容易让解算器计算出结果。

练习9-5 零冗余模型——第二部分（选做）

本练习将在练习9-4的基础上进行，这里需要添加"Scissor_Lift"装配体中具有配合的其余零件和子装配体，以得到0自由度的正确结果，如图9-39所示。

本练习将应用以下技术：
- 冗余。
- 冗余的影响。
- 在解算器中移除冗余。
- 检查冗余。

图9-39 折叠架

扫码看视频

操作步骤

    步骤1 打开装配体文件 在练习9-4做好的模型继续工作。也可直接打开文件夹"Lesson09\Exercises\Zero Redundancy Model"内的装配体文件"Scissor _ Lift"。先完成练习9-4，然后继续本练习。

    步骤2 解压缩零部件 解压缩子装配体"layer_3"和"layer_4"。

    步骤3 修改配合 将它们与装配体的其余部分进行配合，以使机构可以按预期运行，并使冗余约束和实际的自由度数量都等于0。如图9-40所示，在左侧继续生成配合。

    步骤4 继续添加配合 解压缩子装配体"layer_5"和"layer_6"，继续添加配合以实现0自由度的结果。

    步骤5 继续添加配合 解压缩"platform"，继续添加配合以实现0自由度的结果，如图9-41所示。

    步骤6 保存并关闭文件

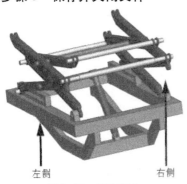

左侧   右侧

图9-40 修改配合

图9-41 添加配合

练习9-6 使用套管移除冗余

本练习将使用具有对称应用的配合模型，以为将结果输出到 SOLIDWORKS Simulation 中作准备。为了移除冗余，将添加套管并研究不同套管参数下的结果。

本练习将应用以下技术：
- 在解算器中移除冗余。

- 使用柔性连接选项移除冗余。
- 套管属性。

本练习的对象仍是前面练习中的剪式升降机装配体，只是零部件配合的方式有所差异。

操作步骤

步骤1 打开装配体文件 在文件夹"Lesson09\Exercises\Redundancies Removal with Bushings\completed-low stiffness"内打开装配体文件"Scissor_Lift"。

扫码看视频

步骤2 查看装配体 此装配体配合的方式有所不同，如图9-42所示。注意到大多数名为"Concentric"的配合是更加贴近真实机械连接的。重合配合只是确保装配体不会侧向移动。

同时还需要注意，本练习中的配合是应用到对称的两侧上，如图9-43所示。在将结果输入到SOLIDWORKS Simulation以获得不同零部件的应力结果，或者想查看模型中所有配合部位的正确作用力分布时，使用此方法较为合适。

但是，使用这种配合方案的问题是将生成大量的冗余，而且不得不将这些冗余移除。

图9-42 升降机

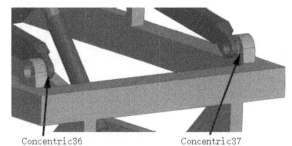

Concentric36   Concentric37

图9-43 查看配合

步骤3 查看套管 第8章介绍了在SOLIDWORKS Motion中可以将冗余配合替换为套管。同样，用户也可以手动配置配合，使之像套管一样工作。为了节省时间，每个同轴心配合都已经配置了套管。编辑其中的一个同轴心配合。切换至【分析】选项卡，注意到已经勾选了【套管】复选框并设置了以下数值，如图9-44所示。

【平移】参数设置：
- 已勾选【各向同性】复选框。
- 【刚度】处输入了5000N/mm。
- 【阻尼】处输入了20N·s/mm。
- 【力】处输入了0N。

151

【扭转】参数设置：

- 已勾选【各向同性】复选框。
- 【刚度】处输入了 100N·mm/(°)。
- 【阻尼】处输入了 20N·mm·s/(°)。
- 【力矩】处输入了 0N·mm。

对于实际的系统而言，本练习中设置的刚度和阻尼值是非常低的，这样设置的目的是观察它们对机构的影响。

每个被定义为套管的配合现在都在 "MateGroups" 中添加了套管图标 。

步骤 4 运行 单击【计算】，可以看到运动并不连贯。以较慢的速度播放动画，观察每个接头处的动作。

步骤 5 查看图解 单击【结果和图解】，创建配合 "Concentric20" 和 "Concentric21" Z 分量的反作用力图解。这些配合位于装配体的相对两侧，如图 9-45 所示。注意到图解完全一致，如图 9-46 所示。

步骤 6 生成其他图解 为配合 "Concentric36" 和 "Concentric37" 生成 Z 分量的反作用力图解。这些配合位于底部横臂与支架凸台之间，如图 9-47 所示。

图 9-44 查看套管

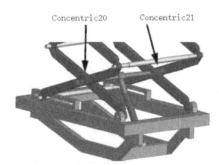

图 9-45 定义图解 1

提示 在生成这些图解时，仍会得到关于冗余的警告消息。这将在接下来的步骤中进行解释。

单击【否】以关闭消息。和前面的一组配合一样，这些图解也相同，如图 9-48 所示。虽然它们都是相同的，但是并不符合驱动马达的正弦曲线形状，这是由接头的刚度低引起的。

为什么仍然有冗余？ 在创建图解时，得到警告提示模型中仍然存在冗余。如果这时检查自由度，可以看到一共存在 11 个冗余约束，如图 9-49 所示。

如果用户检查配合，会发现并非所有同轴心配合都是柔性的，例如，"piston" "cylinder" 和支架（在上一练习中改变的对象）在模型中仍然使用铰链和同轴心配合。这里并不需要改变配合，因为关心的不是这些零部件上的力。检查其他未设置为柔性的配合，这些配合涉及沿全局 Y 方向（跨过对称平面）的力或运动。因为预估这些力为 0，所以也不必移除这些冗余。

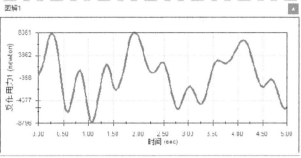

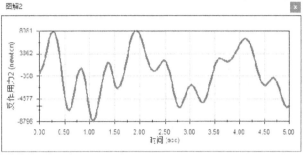

图 9-46 查看"Concentric20"和"Concentric21"配合的 Z 分量反作用力图解

步骤 7 保存并关闭文件

步骤 8 打开装配体文件 在文件夹"Lesson09 \Exercises\Redundancies Removal with Bushings\completed-optimum stiffness"内打开装配体文件"Scissor _ Lift"。

步骤 9 检查装配体 除了对柔性配合的刚度进行了更改之外,这个装配体和前面步骤中使用的完全一致。

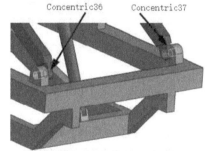

图 9-47 定义图解 2

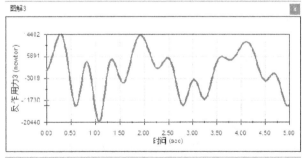

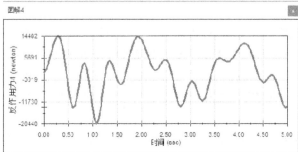

图 9-48 查看"Concentric36"和"Concentric37"配合的 Z 分量反作用力图解

153

步骤10　检查套管　编辑一个柔性的同轴心配合，切换至【分析】选项卡。

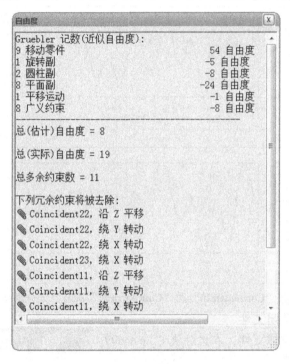

图9-49　自由度结果

注意到已经勾选了【套管】复选框并设定了以下数值，如图9-50所示。

【平移】参数设置：

- 已勾选【各向同性】复选框。
- 【刚度】处输入了100000N/mm。
- 【阻尼】处输入了2000N·s/mm。
- 【力】处输入了0N。

【扭转】参数设置：

- 已勾选【各向同性】复选框。
- 【刚度】处输入了100N·mm/(°)。
- 【阻尼】处输入了20N·mm·s/(°)。
- 【力矩】处输入了0N·mm。

这些刚度和阻尼的数值比步骤3中使用的数值更加贴近实际情况。

步骤11　运行算例

步骤12　查看图解　4个配合对应的图解已经创建完毕。和之前一样，对称的一对配合图解是相同的。采用较高的刚度后，可以发现在初始加速之后运动呈正弦曲线形状。

　　同时对比一下配合"Concentric36"和"Concentric37"的最大力数值(忽略初始的峰值)，它们的和大约为15000N，这与"练习9-3　运动学机构"中得到的结果相吻合，如图9-51所示。

　　将配合"Concentric20"和"Concentric21"的两个最大力(忽略初始的峰值)的数值相加，大约为9500N，这也与"练习9-3　运动学机构"中得到的结果相吻合，如图9-52所示。

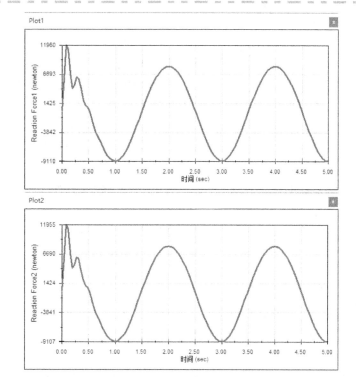

图 9-50 修改套管参数

图 9-51 查看"Concentric36"和"Concentric37"配合的反作用力图解

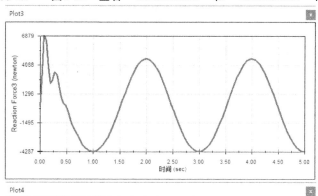

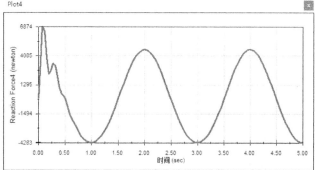

图 9-52 查看"Concentric20"和"Concentric21"配合的反作用力图解

通过这些结果可以看出，在将所有配合都设置在模型一侧时得到的力，与移除冗余并将力分配到两侧所得到的合力是相等的。

步骤 13 保存并关闭文件

练习 9-7   抛射器

本练习将进一步演示如何使用本地柔性配合来正确计算采用多个支撑时的作用力。练习中将使用和第 3 章一样的抛射器模型，如图 9-53 所示。当冗余很多时，SOLIDWORKS Motion 能够正确求解运动学问题，但是力的分布可能不正确。

本练习将应用以下技术：

- 冗余。
- 冗余的影响。
- 在解算器中移除冗余。
- 检查冗余。

扫码看视频

本练习将计算长臂和配重块之间枢轴上的力。

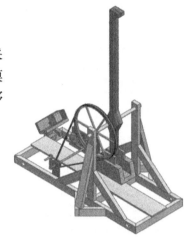

图 9-53   抛射器

操作步骤

步骤 1   打开装配体文件   打开文件夹 "Lesson09 \ Exercises \ Catapult" 内的装配体文件 "Catapult-assembly"。该装配体已经设置完毕并在算例 "original study with results" 中运算过。

步骤 2   检查装配体   配重块通过一个简单配合 "Concentric B" 连接到长臂，并通过 "Coincident4" 将其和长臂对齐在中间位置，如图 9-54 所示。

步骤 3   播放仿真

步骤 4   查看自由度   此装配体具有 54 个冗余约束，如图 9-55 所示，但运行起来没有任何问题。当求解这个运动学问题时，合力的分布可能不正确。

图 9-54   查看配合

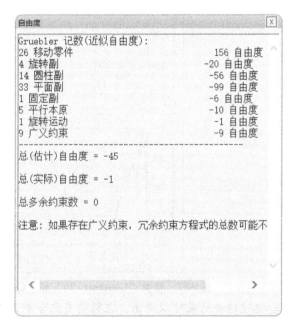

图 9-55   自由度结果

步骤 5 生成图解 在配合"Concentric B"上生成全局 Y 分量的反作用力图解,如图 9-56 所示。

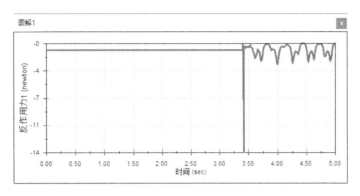

图 9-56 查看"**Concentric B**"配合的 **Y** 分量反作用力图解

可以看到当长臂转至开始提升配重块时,力的大小约为 -1.22N。

根据工程经验判断,如果将负载平均分配,则此结果可能会更好,这样可以将结果一分为二以在每个枢轴上获得正确的力。下面将使用柔性配合以正确地分配力。

步骤 6 添加另一个配合 这里关注的是长臂和配重块之间的枢轴受力,因此需要对另一个枢轴也添加配合。

切换至【模型】选项卡,对另一个枢轴添加【同轴心】配合,并将其重命名为"Concentric C",如图 9-57 所示。

步骤 7 运行 确保不勾选【以套管替换冗余配合】复选框,然后重新运行此算例。

步骤 8 生成图解 生成另一个图解,显示配合"Concentric C"在 Y 方向(全局坐标)的反作用力,如图 9-58 所示。

可以看到力均匀地分布在两个配合之间,然而,这可能只是一个巧合,因为这个分布取决于软件如何移除冗余。下面将使用柔性配合来确保正确的力分布。

图 9-57 添加配合

步骤 9 生成本地柔性配合 编辑配合"Concentric B"和"Concentric C"。切换至【分析】选项卡,并勾选【套管】复选框,保持默认的数值。

步骤 10 运行 确保没有勾选【以套管替换冗余配合】复选框,然后重新运行此算例。此时模型仍然存在大量冗余,但这些冗余并不影响分析两个枢轴。

步骤 11 查看图解 现在图解显示力被两个配合承担,如图 9-59 所示。

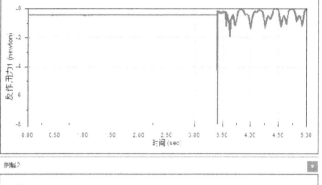

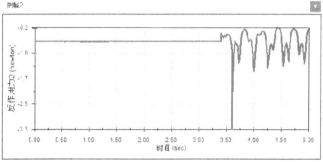

图 9-58　对比两个配合的反作用力图解

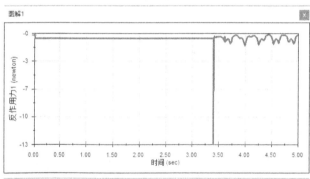

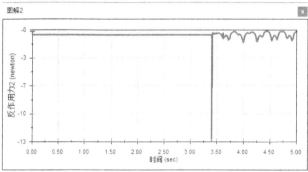

图 9-59　重新对比两个配合的反作用力图解

步骤 12　**更改比例**　为了便于阅读，修改这两个图解以显示 Y 轴：
- 【起点】设置为 −5。
- 【终点】设置为 5。

- 【主单位】设置为1。

可以看到力几乎完全一致，如图 9-60 所示。

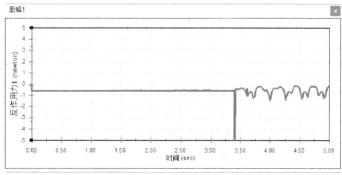

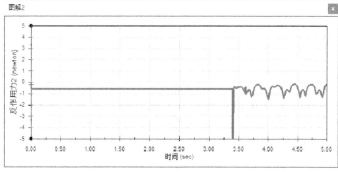

图 9-60   更改比例后的图解

步骤 13   保存并关闭文件

第10章 输出到FEA

学习目标
- 生成某一时刻的作用力
- 将载荷从 SOLIDWORKS Motion 输出到 FEA 仿真
- 在 SOLIDWORKS Simulation 中运行结构分析

10.1 输出结果

一般来说，分析零件的受力并非是研究的主要目标，通常还要将得到的力用于有限元分析来确定各个零件的强度、位移以及安全系数。使用 SOLIDWORKS Motion 和 SOLIDWORKS Simulation 协同工作，可以将 SOLIDWORKS Motion 的输出结果无缝地输入到 SOLIDWORKS Simulation 中。

10.2 实例：驱动轴

驱动轴装配体包含 5 个子装配体和 2 个单独的零件，如图 10-1 所示。下面将使用 SOLIDWORKS Motion 来确定作用在零部件"Journal_cross"上的力，然后再使用 SOLIDWORKS Simulation 来确定该零件的应力和位移。

10.2.1 问题描述

万向节需要以 2800r/min 的转速传递 15000000N·mm 的扭矩。确定零件"Journal_Cross_output"的应力和挠度。

10.2.2 关键步骤

- 生成运动算例：使用已知数据作为输入，生成一个运动算例。
- 运行运动算例：计算此运动算例以确定作用在一个或多个有待观察的零件上的力。
- 输出载荷到分析中：从 SOLID-WORKS Motion 中直接输出载荷至 SOLIDWORKS Simulation。

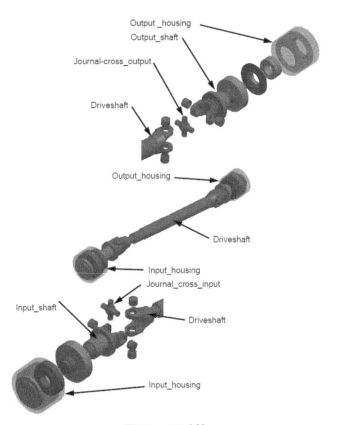

图 10-1 驱动轴

- 打开用于分析的零件：在单独窗口中打开指定的零件。
- 运行 FEA 仿真：在 SOLIDWORKS Simulation 中定义边界条件，然后运行该分析。
- 检查结果：使用结果来确定是否需要变更设计。

操作步骤

步骤1　打开装配体文件　打开文件夹 "Lesson10\Case Study\Drive Shaft" 内的装配体文件 "Drive_shaft_assembly"。

步骤2　新建运动算例　将新的算例重命名为 "Drive Shaft"。确保单位为【MMGS（毫米、克、秒）】。

步骤3　添加马达　单击【马达】，在 "Input_shaft" 上添加一个【旋转马达】。输入转动数值 16800(°)/s(2800r/min)。单击【确定】。

注意旋转的方向，以便可以在下一步中添加反方向的【只有作用力】力矩，如图 10-2 所示。

步骤4　添加力　单击【力】。在 "Output_shaft" 上添加一个【只有作用力】的力矩。这是一个抵抗转动的力矩，因此需要设置成与上一步中添加的马达方向相反的方向，如图 10-3 所示。输入力矩的数值 15000000N·mm。单击【确定】。

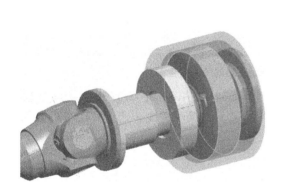

图 10-2　定义马达

图 10-3　定义力

步骤5　定义算例属性　设置【每秒帧数】为 2000，并运算这个算例 0.05s，这将提供 101 帧数据。

步骤6　运行算例　单击【计算】。下面的消息表明当前对【每秒帧数】设置的参数太高，并可能对性能产生负面影响："根据当前的运动算例持续时间，此运动算例的播放速度或每秒帧数设定可导致性能较差。您想将这些设定进行调整以获得更佳播放性能吗？速度将设定为 5 秒播放。"单击【否】以当前设置完成仿真。

步骤7　显示自由度　可以看到自由度为 0，因此得到的是一个运动学系统，如图 10-4 所示。关闭【自由度】对话框。

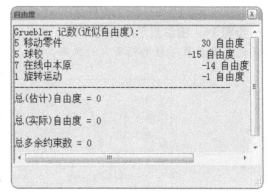

图 10-4　显示自由度

步骤8　检查配合　装配体的自由度为 0，这取决于该装配体创建的方式。如果用户检查每个配合，会看到很多都是点到点或点到线的配合方式，这将会避免约束冗余。

步骤9　图解结果　生成输入轴和输出轴的【角速度】和【幅值】图解，如图 10-5 所示。此时可以看到，两个轴以 16800(°)/s 的速度转动。这也是输入速度。

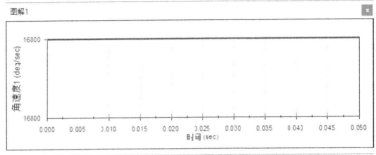

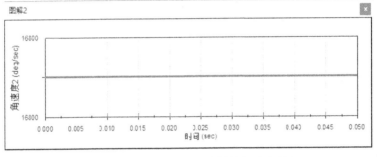

图 10-5　查看输入轴和输出轴的角速度图解

步骤10　图解显示传动轴的角速度　生成传动轴"Driveshaft"的【角速度】和【幅值】图解，如图 10-6 所示。可以看到由于输入和输出之间的偏移角度而产生的预期速度变化。

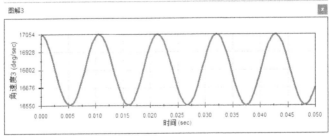

图 10-6　查看传动轴的角速度图解

162

步骤11　图解显示所需的力矩　图解显示输入旋转马达的力矩，如图 10-7 所示。这是马达在此负载下移动轴所需的扭矩。

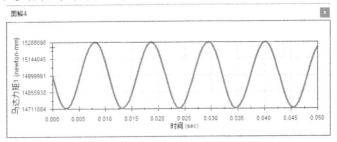

图 10-7　查看马达力矩图解

10.2.3　FEA 输出

运动仿真可以让用户将各种所需的结果数值(力、力矩、加速度等)应用至承载面,并求解应力和进行变形分析(变形结果需要用到 SOLIDWORKS Simulation 模块)。在这种方式下,运动仿真以刚体动力学方法简化瞬态问题,并求解零件的加速度和接头的反作用力。然后,在 SOLID-WORKS Simulation 中,将这些载荷应用到承载面上并求解应力分析问题。

运动仿真允许用户通过两种方法使用 SOLIDWORKS Simulation 来施加载荷并求解变形分析:

1)【直接求解】,即直接在运动仿真界面中进行设置、求解和后处理。

2)【输出载荷】,即输出载荷至 SOLIDWORKS Simulation。变形计算将在 SOLIDWORKS Simulation 的界面中执行。

本章将介绍这两种方法。

10.2.4　承载面

加载(或输出)的力只传递到面,而不允许传递到边线和点。SOLIDWORKS 用在配合定义中的任意面也被认定为加载(或输出)载荷的承载面。如果在配合中用到了其他实体类型(点、边线)时,承载面必须在【分析】选项卡中进行指定,如图 10-8 所示。

10.2.5　配合位置

在运动分析中默认的初始配合位置是使用配合定义中的第一个实体来确定的。例如,在图 10-8 所示的配合定义中,初始配合位置位于"面〈1〉@ Input_shaft-1/universal_bearing－1"的中心。当然,用户也可以通过在配合位置区域中选择一个新的实体来更换。更改配合位置可能会改变运动分析的结果和产生的反作用力,而这种变化的影响也因实例而异。

如果初始的配置不合适,建议用户更改配合位置,尤其是当使用 SOLIDWORKS Simulation 模块来获取运动载荷并用于有限元分析时。

图 10-8　在【分析】选项卡中指定承载面

运动仿真还可以通过零件的加速度导出实体载荷。与节点的反作用力相似,其可在每个(或所有)要求的时间步长内输出实体载荷。

在运行运动算例之前,必须输入承载面和新的配合位置。

10.3　输出载荷

本章的这一部分将讲解如何正确地准备承受运动载荷的零件,以供 SOLIDWORKS Simulation 有限元分析使用。首先要定义正确的承载面和配合位置,然后,将运动载荷输入到 SOLIDWORKS Simulation 中,进行有限元分析及后处理。

　　步骤 12　孤立"journal_cross < 1 >"　这是驱动轴输入侧的轴颈,孤立此零部件以便更容易看清该零件,如图 10-9 所示。这里应关注此零件的应力及位移计算。查看该零件的 4 个配合,配合的实体没有采用面,而都是点或轴,如图 10-10 所示。这就需要对每一个配合都指定传递力的面。

　　单击【退出孤立】。

步骤 13　指定承载面　编辑第一个配合"Coincident24"，切换至【分析】选项卡，勾选【承载面】复选框，单击【孤立零部件】，这将隐藏与该配合无关的零部件，如图 10-11 所示。

▼ ⬡ (-) journal_cross<1> (Default<<Default>_D
　▼ 🗀 Drive_shaft_assembly 中的配合
　　⚙ ⬕ Coincident24 (Input_shaft<1>)
　　⚙ ⬕ Coincident25 (Input_shaft<1>)
　　⚙ Coincident26 (Driveshaft<1>)
　　⚙ Coincident28 (Driveshaft<1>)

图 10-9　孤立零部件　　　　　图 10-10　查看配合　　　　　图 10-11　孤立零部件

使用【选择其他】命令，选择"journal_cross"的外表面和"universal_bearing"的内圆柱面。使用爆炸视图可更加清晰地显示这两个零件。

由于面是相互接触的，因此【如果相触则视为接合】复选框会被自动勾选，将其取消勾选，如图 10-12 所示。

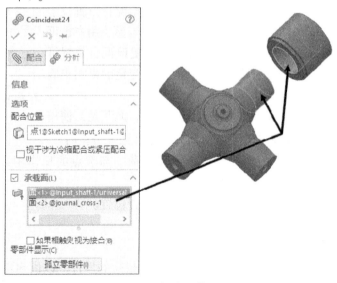

图 10-12　指定承载面 1

前面的讨论中曾提到，默认的初始配合位置取决于配合定义中的第一个实体——"面〈1〉@ Input_shaft - 1/universal _ bearing - 1"的中心。因为这两个零件永久连在一起且不会发生明显的相对移动，此配合位置无需修改。将初始位置放到最理想的位置是一种良好的习惯，尤其是当用户打算对零件进行有限元应力分析的时候。出于练习的目的，将修改 4 个"journal_cross-1"的配合位置。

选择配合位置是可选的，用户可以选择定义配合的其中一个点，但并非必须选择该项目。

单击【确定】✔和【退出孤立】。

步骤 14　指定第二个承载面　编辑配合 "Coincident25"，切换至【分析】选项卡，勾选【承载面】复选框，单击【孤立零部件】，如图 10-13 所示，选择两个面，一个位于 "journal_cross – 1" 上，另一个位于 "attachment flange – 1" 上。因为面与面之间并未接触，所以【如果相触则视为接合】复选框不会出现。

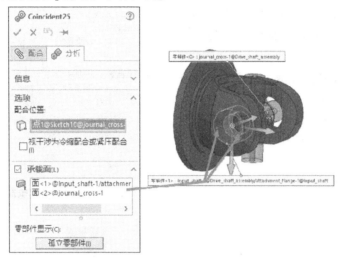

图 10-13　指定承载面 2

步骤 15　定义其余的承载面　对余下的两个配合 "Coincident26" 和 "Coincident28" 重复上面的操作。

步骤 16　重新运行分析并保存装配体　配合位置更改后必须重新计算运动分析。下面将对零部件 "journal _ cross-1" 执行应力分析。

注意，以下步骤需要使用 SOLIDWORKS Simulation 模块。

SOLIDWORKS Simulation 可以一次性读取单个时间步长或多个时间步长的运动载荷。在接下来的实例中，将使用 Simulation 软件对所有要求的时间步长运行多个分析。设计算例可以定位在最危险时刻，此时零件具有最大应力和变形。

扫码看视频

165

步骤 17　输入运动载荷　确保在 SOLIDWORKS 中已经加载了 "SOLIDWORKS Simulation" 插件。从【Simulation】下拉菜单中选择【输入运动载荷】，弹出【输入运动载荷】对话框。从用于生成力的列表中选择对应的运动算例。在【可用的装配体零部件】栏中选择 "journal_cross-1"，然后单击【>】按钮将其移动至【所选零部件】栏中。选中【多画面算例】，在【画面号数】的【开始】数值框中输入 80。在【终端】数值框中应显示 101，如图 10-14 所示。

单击【确定】。这将为零件 "journal_cross-1" 输入载荷数据并保存至 CWR 文件，同时定义设计算例。

上面指定的参数定义了 22 组设计算例。每组都具有由该组关联帧时刻产生的运动载荷定义的载荷。

步骤18 打开零件 在单独窗口中打开零件"journal_cross-1"。

步骤19 选择 SOLIDWORKS Simulation 算例 系统已经添加了一个名为"CM2-ALT-Frames-80-101-1"的新静态算例，如图10-15所示。算例名称中的数字"80""101"和"1"分别表示开始帧和终止帧的帧号以及帧增量。

步骤20 选择设计算例 用户可以检查参数列表随着 SOLIDWORKS Motion 数值输入而发生的变化。对应帧数 80～101 的 22 个情形也已经创建完成，如图10-16所示。

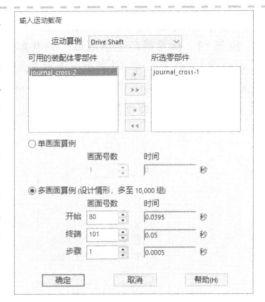

图10-14 输入运动载荷

图10-15 已有算例

		情形 1	情形 2	
CM2_P80_ALT_Gravity_X	输入数值	0.00171 m/秒^2	0.00171 m/秒^2	0.001
CM2_P80_ALT_Gravity_Z	输入数值	0.00025 m/秒^2	0.00022 m/秒^2	0.000
CM2_P80_ALT_CentriFugal_V	输入数值	294.54803 rad/s	295.16967 rad/s	295.8
单击此处添加变量				

图10-16 选择设计算例

步骤21 应用材料 现在需要完成静态算例的定义。返回到静态算例，指定零件材料。在 Simulation Study 树中，右键单击零件"journal_cross"，并选择【应用/编辑材料】命令，如图10-17所示。从 SOLIDWORKS Materials 库文件中选择【合金钢】，如图10-18所示。单击【应用】和【关闭】。

图 10-17 应用材料

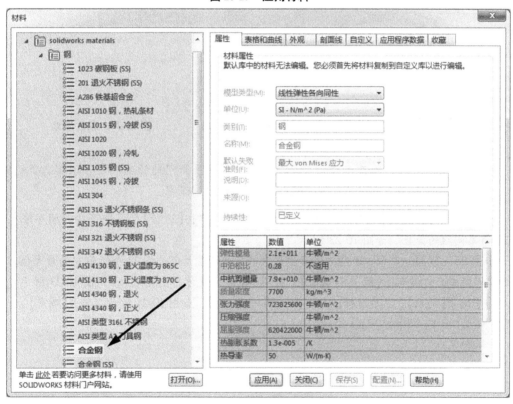

图 10-18 指定材料

步骤22 划分零件网格 在 Simulation Study 树中右键单击【网格】,并选择【生成网格】。在【网格参数】中选择【基于曲率的网格】。拖动【网格密度】滑块,将【最大单元大小】设置在数值30mm 附近,如图10-19 所示。

单击【确定】将划分模型网格,如图10-20 所示。

步骤23 定义算例属性 右键单击算例图标,并选择【属性】命令。因为这个零件是自平衡的,【使用惯性卸除】复选框默认勾选,如图10-21 所示。单击【确定】。

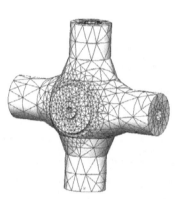

图 10-19　网格设置　　　　图 10-20　网格结果　　　　图 10-21　属性设置

> 提示　　　　惯性卸除是有限元分析中用于稳定自平衡问题的选项之一。该选项的具体讨论请参考 SOLIDWORKS Simulation 相关课程。

步骤 24　运行设计算例　选择设计算例选项卡并单击【运行】，系统将按照顺序依次求解 22 个不同组的数据，如图 10-22 所示。

步骤 25　求解 von Mises 应力的全局最大值　全局最大值是指 22 个情形中的最大值。在设计算例树中，右键单击【结果和图表】，并选择【定义设计历史图表】，如图 10-23 所示。在【Y-轴】中选中【约束】，然后选择【VON：von Mises Stress】，如图 10-24 所示。单击【确定】✔。

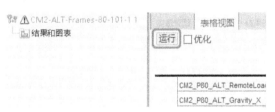

图 10-22　运行算例　　　　　　　图 10-23　定义设计历史图表

步骤 26　查看结果　图表显示了在 22 个情形下"von Mises 应力"在零件"journal_cross-1"中的变化。在情形 1 和情形 22 中都获得了最大值 $5.165 \times 10^8 \text{N/m}^2$（516.5MPa），小于材料的屈服强度（620.4MPa），如图 10-25 所示。

步骤 27　查看合位移的全局最大值　生成一个类似的图表，显示合位移的全局最大值，如图 10-26 所示，最大位移为 0.119mm。

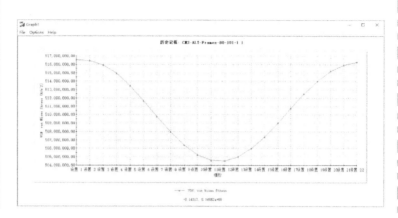

图 10-24　选择约束　　　　　　　　　图 10-25　查看结果 1

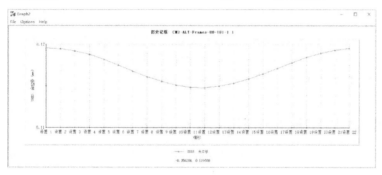

图 10-26　查看结果 2

步骤28　设计情形 1 的 von Mises 应力图解　设计算例保存了所有计算情形的完整结果。在设计算例中单击对应【情形 1】的列便可看到结果，如图 10-27 所示。

在【结果和图表】下方双击【VON：von Mises Stress】图解，如图 10-28 所示，情形 1 的最大 von Mises 应力大小约为 516.5MPa。

图 10-27　对应列

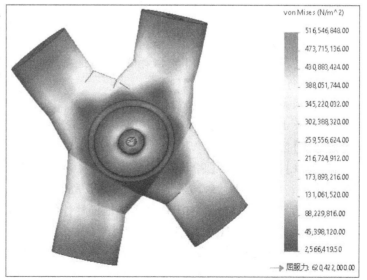

图 10-28　应力图解 1

步骤 29　设计情形 1 的合位移图解　如图 10-29 所示，设计情形 1 中的最大合位移约为 0.119mm。

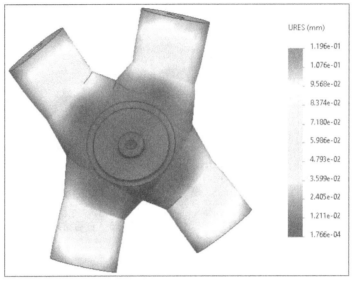

图 10-29　合位移图解

步骤 30　保存并关闭零件文件"journal_cross"

10.4　在 SOLIDWORKS Motion 中直接求解

下面将演示如何直接在 SOLIDWORKS Motion 的界面中对零件进行应力分析。

　注意　在运动仿真中直接进行应力求解时，也必须指定步骤 13～15 中的正确的承载面和配合位置。

　提示　SOLIDWORKS Simulation 模块必须处于激活状态，以保证可以进行应力求解。

步骤 31　模拟设置　在"Drive_shaft_assembly"的运动算例中，单击【模拟设置】。在【模拟所用零件】选项中选择驱动轴输入一侧的"journal_cross – 1"。

在【模拟开始时间】和【模拟结束时间】中分别输入 0.0395s 和 0.05s。单击【添加时间】以将时间范围添加至【模拟时间步长和时间范围】区域中。

在【高级】选项下移动【网格密度】滑块，设置网格密度比例因子为 0.95，以生成更精细的网格，如图 10-30 所示。

单击【确定】。此时系统将显示"您想将材料指派给零件吗？"的提示信息，单击【是】，打开【材料】窗口。

步骤 32　指定材料　与步骤 21 相似，指定材料为【合金钢】。

图 10-30　模拟设置

依次单击【应用】和【关闭】。

步骤 33　求解有限元仿真　单击【计算模拟结果】🗐。

步骤 34　显示 0.045s 时的应力结果　为了显示此结果图解，需要将时间线移至 0.045s 处，如图 10-31 所示。

 提示　　　　　指定的时间必须落在步骤 31 中要求的时间范围之内。

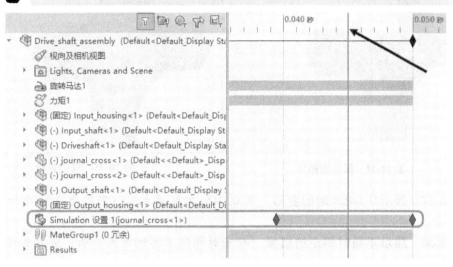

图 10-31　指定时间

选择【应力图解】按钮以显示 von Mises 应力图解，如图 10-32 所示。图例显示最大应力约为 382MPa，如图 10-33 所示。然而，由于"journal_cross-1"显示在整个装配体之中，因此无法清楚地看到应力云图。在此情况下，需要通过孤立该零件来得到更清晰的图解。

图 10-32　设置应力图解

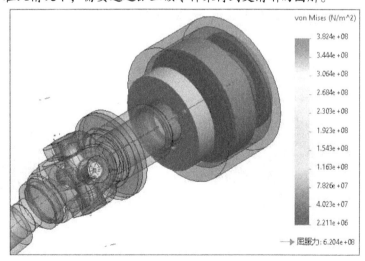

图 10-33　应力图解 2

步骤 35　孤立"journal_cross-1"　现在可以清楚地看到应力云图，显示应力的最大值约为 382MPa，如图 10-34 所示，低于材料的屈服强度 620.4MPa。

步骤36 显示0.045s 时的安全系数 按照步骤34 和步骤35 中的方法显示【安全系数】图解。图10-35 中显示的最小安全系数约为 1.62($620.4/382 \approx 1.62$)。

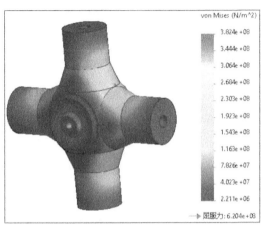

图 10-34 孤立零部件

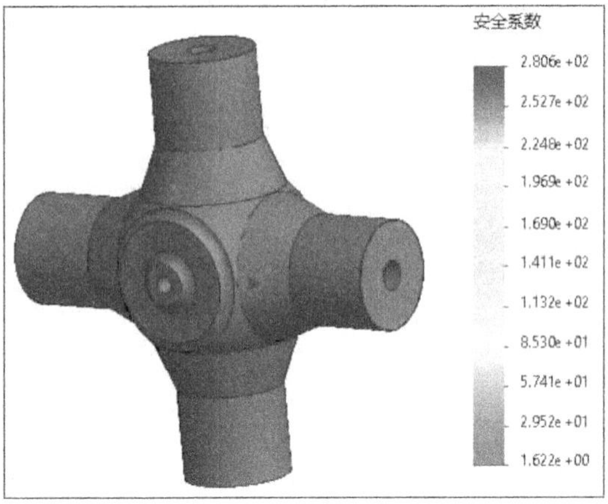

图 10-35 安全系数

步骤37 显示0.045s 时的变形 在 0.045s 时的最大合位移约为 0.1148mm，如图 10-36 所示。

步骤38 显示不同时间点的结果 移动时间线至其他时间步长，应力云图将自动更新。

> **提示** 同样，指定的时间必须落在步骤31 中要求的时间范围之内。

步骤39 查看动画并显示总体最大值 要设置图例以显示要求分析时间范围内的总体最大值并查看动画，请单击【播放】按钮。整个要求的分析时间间隔($0.035 \sim 0.05$s）内的最大合位移为 0.12mm，如图 10-37 所示。

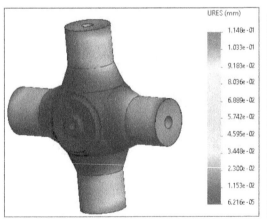

图 10-36 变形结果

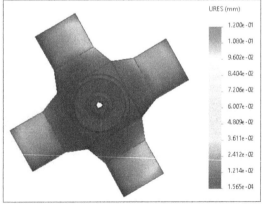

图 10-37 总体最大值

步骤40 保存并关闭文件

练习 输出到 FEA

本练习将从搭扣锁机构中输出载荷到 SOLIDWORKS Simulation 并进行零件分析，如图 10-38 所示。

本练习将应用以下技术：

- 输出结果。

本练习将确定零件"J_Spring"的最大应力及挠度。

扫码看视频

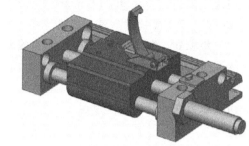

图 10-38 搭扣锁机构

操作步骤

步骤 1 打开装配体文件 打开文件夹"Lesson 10\Exercises\Latching mechanism"内的装配体文件"Full latch mechanism"。这和第 4 章中用到的装配体相同。该装配体已设置并运算完成了运动算例。

步骤 2 播放此算例 单击【播放】（无需运算），查看该机构是如何工作的。

步骤 3 指定承载面 找到配合"Concentric6"，这是用作弹簧枢轴的配合。编辑此配合，指定作为承载面的 4 个面。在爆炸视图中可以更加清楚地显示这两个零件。在【配合位置】中，选择夹子或销上分割面的边线，如图 10-39 所示。

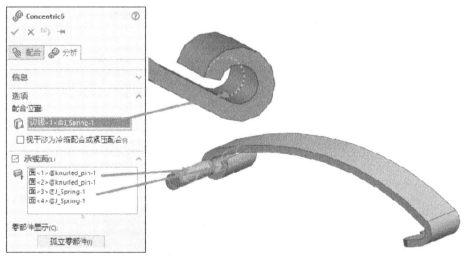

173

图 10-39 指定承载面

步骤 4 重新运行仿真 因为接触面和配合位置发生了改变，需要重新计算运动仿真。

配合中的力可以自动输入到 SOLIDWORKS Simulation 中，但是接触力无法自动输入，必须手工定义。

首先通过观察 SOLIDWORKS Motion 中生成的图解来确定接触力的最大值。然后，确定这个最大值发生的时间帧，以便仅输出单个帧的数据。同时还必须确定力的方向。

步骤5　检查接触力的图解　"J_spring"和"keeper"之间（见图 10-40）的接触力幅值图解已经创建，显示"Magnitude Contact Force"图解，如图 10-41 所示，可以看到最大值出现在大约 2.4s 处。

步骤6　生成 X 和 Z 方向上的接触力图解　图解显示 X 和 Z 方向上的接触力，如图 10-42 所示。注意到 X 方向接触力在 2.4s 之前达到峰值，而 Z 方向接触力在之后达到峰值。

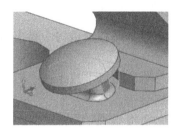

图 10-40　"J_spring"和"keeper"之间的接触位置

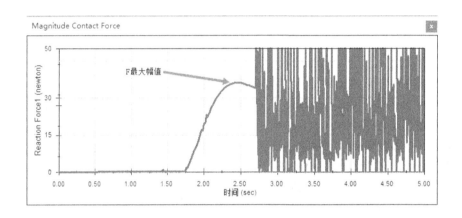

图 10-41　查看"Magnitude Contact Force"图解

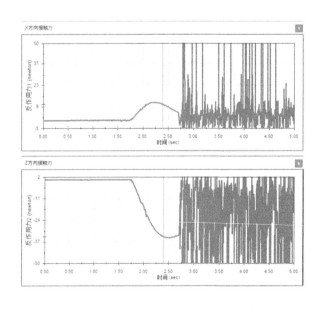

图 10-42　生成 X 和 Z 方向上的接触力图解

步骤7　查找2.4s时力的分量　右键单击"X方向接触力"图解,选择【输出到电子表格】。电子表格将自动打开,注意在2.4s时X方向上作用力的大小,如图10-43所示。使用相同的方法找出Z方向上作用力的大小。

步骤8　输出运动载荷　计算完成后,保存结果并只输出单个帧时"J_Spring – 1"的载荷,该帧对应的时间大约为2.4s,如图10-44所示。

		Contact_Keeper-1_J_Spring-1_29 反作用力1(newton)
帧	时间	参考坐标系:
1112	2.385	1.0564E+01
1113	2.390	1.0498E+01
1114	2.395	1.0430E+01
1115	2.400	1.0360E+01
1116	2.405	1.0290E+01
1117	2.410	1.0217E+01
1118	2.415	1.0144E+01
1119	2.420	1.0069E+01

图 10-43　查找 2.4s 时力的分量

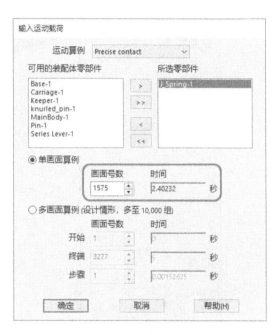

图 10-44　输出运动载荷

步骤9　打开零件　在单独的窗口中打开零件"J_Spring"。

步骤10　仿真算例　选择新算例"CM2-ALT-Frame-1575"的仿真选项卡。配合载荷已经输入到零件中,但是还必须手工加载接触力。请注意,该零件的坐标系方向不同于装配体的坐标系方向。装配体中的 X 方向对应零件中的 Y 方向,装配体中的 Z 方向对应零件中的 X 方向。在对此零件加载接触力时,必须确保在零件的坐标系上使用了正确的力,如图10-45所示。

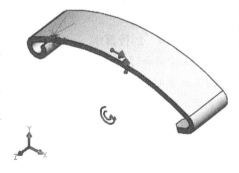

图 10-45　加载力

步骤11　应用接触力　对图10-46所示的面添加一个大小为 – 10.36N 和 34.171N(来自 CSV 文件输出的数值)的力。选择 Right 基准面以定义方向。

步骤12　应用材料　在 Simulation Study 树中指定零件材料为【合金钢】。

步骤13　划分模型网格　在 Simulation Study 树中右键单击【网格】,然后选择【生成网格】。

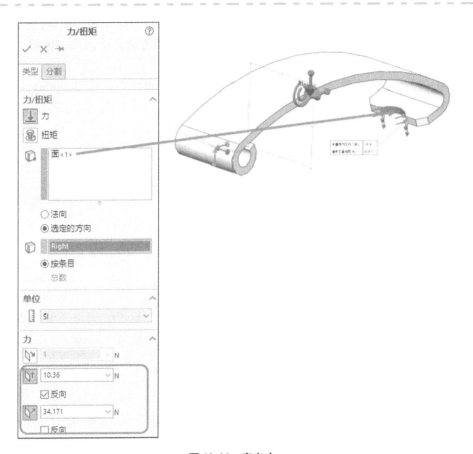

图 10-46　定义力

在【网格参数】中选择【基于曲率的网格】，使用默认设置，单击【确定】✔。生成效果如图 10-47 所示。

步骤 14　运行算例　右键单击算例，并选择【运行】。此时将会得到一条警告提示："警告：在 X-方向中存在大量的外部不平衡力，此将在应用相反惯性力后被平衡。除非您的模型承受这样的力或者多少承受一点不平衡力，应用惯性卸除可改变您的模型的特性。"这是从运动仿真中输出载荷并手工输入数值的结果。这个零件可以视为近乎自平衡的，所以单击【是】。

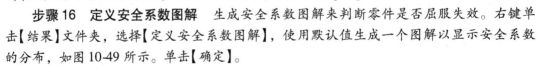

图 10-47　网格结果

步骤 15　查看应力图解　查看应力图解，可以看到最大应力约为 153.19MPa，如图 10-48 所示，低于 "J_spring" 的屈服极限。

步骤 16　定义安全系数图解　生成安全系数图解来判断零件是否屈服失效。右键单击【结果】文件夹，选择【定义安全系数图解】，使用默认值生成一个图解以显示安全系数的分布，如图 10-49 所示。单击【确定】。

步骤 17　检查图解　此时可以看到最小安全系数为 4.05，因此这个零件并没有屈服失效，如图 10-50 所示。

176

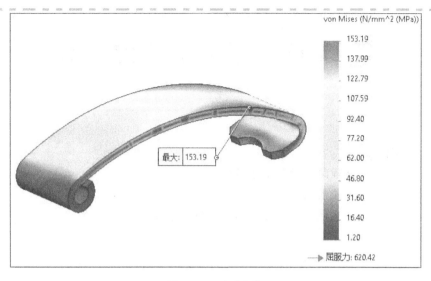

图 10-48　应力图解

图 10-49　定义安全系数图解

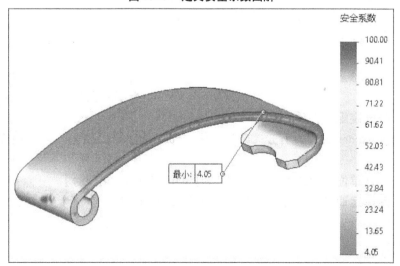

图 10-50　安全系数图解

步骤 18　保存并关闭文件

第 11 章　基于事件的仿真

学习目标
- 理解并运行基于事件的仿真
- 应用伺服马达
- 生成具有特定时间和逻辑的事件

11.1　机构基于事件的仿真

本章将介绍机构基于事件的仿真，其中包括事件触发的控制。

11.2　实例：分类装置

图 11-1 中的分类装置用于将带孔的黄色盒子和实心的红色盒子分开。每类盒子都应该被移至对应的拖架中。基于事件的仿真将用于模拟这个机构的动作。

将盒子划分至对应托架的机构包含 6 个零件。盒子的竖直运动源自重力，水平运动由 3 个带伺服马达的推出机构组成。马达基于一系列传感器来驱动运动，这些传感器用于监控盒子类型和它们在机构中的位置。

模拟一个机构将每种盒子归类放置到各自的托架中。

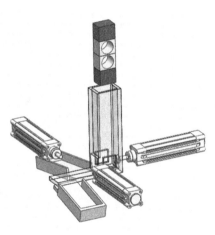

图 11-1　分类装置

操作步骤

步骤 1　打开装配体文件　从文件夹 "Lesson11\Case Study\Sorting device" 内打开装配体文件 "Sorting device"。

扫码看视频　　　扫码看视频

步骤 2　确认单位　确认文档单位设定为【MMGS（毫米、克、秒）】。

步骤 3　新建运动算例　将此算例命名为 "Sorting device"。

11.3　伺服马达

在基于事件的仿真中，伺服马达是驱动机构的旋转或线性马达。然而，它们的运动并不能在马达的 FeatureManager 中直接设定。它通过基于事件的仿真界面进行控制，并且由各种准则（例如，系统中特定零件的接近）触发。

知识卡片	伺服马达	在基于事件的仿真中，伺服马达被用作运动驱动器。
	操作方法	• MotionManager 工具栏：单击【马达】🐾，在【运动】中选择【伺服马达】。

步骤 4　定义伺服马达 1　为"Actuator < 1 >"定义线性的伺服马达。单击【马达】🐾并选择【线性马达（驱动器）】。为【马达位置】和【马达方向】选择指定的面。在【运动】下方选择【伺服马达】和【位移】，如图 11-2 所示。

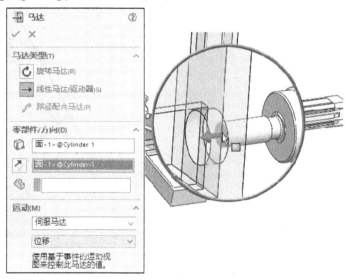

图 11-2　定义马达

单击【确定】✔，将此马达重命名为"Actuator 1"。

步骤 5　定义伺服马达 2 和 3　再为"Actuator < 2 >"和"Actuator < 3 >"定义两个线性的、基于位移的伺服马达。重命名这两个马达为"Actuator 2"和"Actuator 3"。单击【确定】。

11.4　传感器

传感器可以用于触发或停止事件。在基于事件的仿真中可以使用 3 种不同类型的传感器：
- 【干涉检查】传感器：用于检测碰撞。
- 【接近】传感器：用于探测越过一条边线的实体运动。
- 【尺寸】传感器：用于探测零部件相对于一个位置的尺寸。

知识卡片	传感器	传感器可以用于在基于事件的仿真中触发或停止运动。
	操作方法	• SOLIDWORKS FeatureManager：右键单击【传感器】并选择【添加传感器】。 • CommandManager：【评估】/【传感器】🕐。

步骤6　定义接近传感器1　将使用两个接近传感器来控制这个系统。"Sensor 1"用来探测到达支架底部平台的实心盒子，"Sensor 2"用来探测带孔盒子，如图 11-3 所示。单击【传感器】 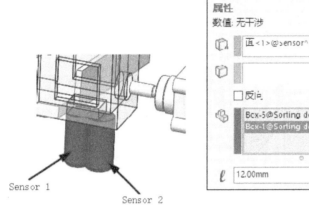，定义为【接近】传感器以探测平台上是否存在实心盒子。选择图 11-4 所示"Sensor 1"上的面作为【接近传感器位置】。【接近传感器方向】区域可以保持空白，以保持默认的竖直方向。在【要跟踪的零部件】区域中选择两个实心盒子。在【接近传感器范围】中输入 12.00mm，如图 11-4 所示。

图 11-3　传感器位置　　　　　　　　　　　图 11-4　定义传感器

单击【确定】 ✔，将该传感器重命名为"Sensor 1"。

提示　当盒子抵达支架的水平平台时，使用 12mm 的范围来触发必要的事件。由于平台的厚度为 10mm，如图 11-5 所示。当盒子接近平台时，任何大于 10mm 的传感器范围都将触发事件。

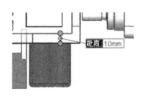

图 11-5　尺寸范围

步骤7　定义接近传感器2　定义第二个接近传感器来探测带孔的盒子，将此传感器重命名为"Sensor 2"。

步骤8　定义接触　定义如图 11-6 所示的 4 个实体接触。操作时，应尽量使用接触组来简化接触方案。

步骤9　定义引力　在 Y 轴负方向定义【引力】。

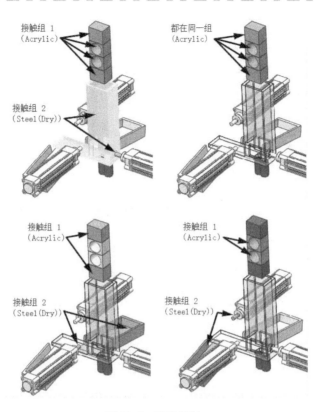

图 11-6　定义接触

11.5　任务

　　基于事件的仿真需要一系列的任务，这些任务由传感器触发并按顺序排列或同时进行。每项任务都通过触发事件及其相关的任务操作进行定义，进而控制或定义任务过程中的运动。

　　（1）触发器　每项任务都是由触发条件触发。触发条件可能取决于传感器的状态，也可能由序列中某些其他任务的开始或结束控制。

　　（2）任务操作　在定义任务时可以指定以下操作：

　　1）【终止】■。终止零部件的运动。

　　2）【马达】🔧。根据所选配置轮廓打开或关闭任意马达，或是更改马达的恒定速度。

　　3）【力】↖。应用或终止加载任何力，或根据所选的配置轮廓更改马达的恒定力。

　　4）【配合】🔗。对所选配合切换压缩状态。

　　（3）时间线视图与基于事件的运动视图　为了定义任务，运动仿真中提供了【基于事件的运动视图】，用户可以在 MotionManager 工具栏中单击对应的按钮🔲。该视图用于定义任务并设计系统的逻辑，如图 11-7 所示。

　　基于时间线的视图提供了传统的带有键码的运动仿真视图，指示仿真零部件动作的开始和结束时间以及变化。当基于事件的仿真计算完毕时，将产生事件的时间键码序列，而且该序列也是仿真的重要结果之一，如图 11-8 所示。

任务设计表格　　　　　　　　　　　任务时间序列和逻辑关系

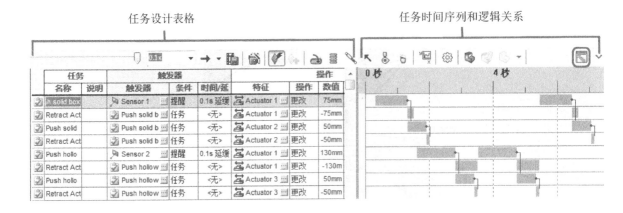

图 11-7　基于事件的运动视图

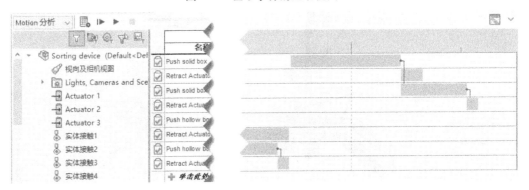

图 11-8　时间键码序列

知识卡片	任务	任务用于在仿真过程中控制和定义零部件的运动，通常是通过触发事件和相关的动作来定义的。
	操作方法	• MotionManager 工具栏：单击【基于事件的运动视图】，若要添加任务，只需单击任务列表底部的【单击此处添加】行。

步骤 10　**基于事件的运动视图**　切换到【基于事件的运动视图】。

步骤 11　**定义任务1——名称及触发器**　此系统的第一个任务是将最底部的实心盒子沿着支架平台移动到指定位置，在此位置可以确保"Actuator 2"将盒子推至"Bay1"。当底部的实心盒子激发了接近传感器"Sensor 1"时，将触发该任务。因为此传感器在实心盒子位于平台上方 2mm 时触发了事件，所以为了保证"Actuator 2"有充足的时间缩回，应对该任务指定 0.1s 的时间延缓。

单击【单击此处添加】以添加一条新的任务行。在【名称】栏输入"Push solid box"，如图 11-9 所示。在【触发器】中单击选择按钮，系统将弹出【触发器】对话框，如图 11-10 所示。选择"Sensor 1"，单击【确定】以关闭【触发器】对话框。回到【基于事件的运动视图】，在【条件】栏中选择【提醒打开】，在【时间/延缓】栏中输入"0.1s 延缓"，完成对【触发器】部分的设置。

任务		触发器			操作					时间	
名称	说明	触发器	条件	时间/延缓	特征	操作	数值	持续时间	轮廓	开始	结束
Push solid box		时间		5s	终止运动分						
单击此处添加											

单击此处以添加新的任务行

图 11-9　添加任务

步骤 12　定义任务 1——操作　接下来需要指定操作来完成对任务 1 的定义。在本示例中，任务 1 的动作是使用马达"Actuator 1"将实心盒子沿着平台推动 75mm，这个距离对"Actuator 2"的后续操作而言是一个理想的位置。

在【特征】栏中，选取"Motors"特征下的"Actuator 1"，在【操作】栏中选择【更改】，并在【数值】处输入 75mm，在【持续时间】处输入 1s，并在【轮廓】处选择【谐波】，如图 11-11 所示。

图 11-10　触发器

触发器			操作				
触发器	条件	时间/延缓	特征	操作	数值	持续时间	轮廓
Sensor 1	提醒打开	0.1s 延缓	Actuator 1	更改	75mm	1s	

图 11-11　定义任务 1

步骤 13　定义任务 2——缩回"Actuator 1"　定义第二个任务——缩回"Actuator 1"。此任务应该在任务 1 完成后触发，推动实心盒子。其持续时间为 0.2s。

将此任务命名为"Retract Actuator 1"，如图 11-12 所示。

任务		触发器			操作				
名称	说明	触发器	条件	时间/延缓	特征	操作	数值	持续时间	轮廓
Push solid box		Sensor 1	提醒打开	0.1s 延缓	Actuator 1	更改	75mm	1s	
Retract Actuator 1		Push solid box	任务结束	<无>	Actuator 1	更改	-75mm	0.2s	

图 11-12　定义任务 2

步骤 14　定义任务 3——推动实心盒子至"Bay 1"　定义第三个任务，由"Actuator 2"推动实心盒子至"Bay 1"。此任务包含将"Actuator 2"伸出 50mm，持续时间为 0.6s。与任务 2"Retract Actuator 1"类似，任务 3 将在任务 1 完成后触发，推动实心盒子移动。将此任务命名为"Push solid box to Bay 1"，如图 11-13 所示。

任务		触发器			操作				
名称	说明	触发器	条件	时间/延缓	特征	操作	数值	持续时间	轮廓
Push solid box		Sensor 1	提醒打开	0.1s 延缓	Actuator 1	更改	75mm	1s	
Retract Actuator 1		Push solid box	任务结束	<无>	Actuator 1	更改	-75mm	0.2s	
Push solid box to Bay1		Push solid box	任务结束	<无>	Actuator 2	更改	50mm	0.6s	

图 11-13　定义任务 3

步骤 15　定义任务 4——缩回"Actuator 2"　与步骤 13 类似，定义任务 4——缩回"Actuator 2"，持续时间为 0.1s。此任务将在任务"Push solid box to Bay 1"完成后触发。将此任务命名为"Retract Actuator 2"，如图 11-14 所示。

183

任务			触发器			操作				
名称	说明		触发器	条件	时间/延缓	特征	操作	数值	持续时间	轮廓
Push solid box			Sensor 1	提醒打开	0.1s 延缓	Actuator 1	更改	75mm	1s	
Retract Actuator 1			Push solid box	任务结束	<无>	Actuator 1	更改	-75mm	0.2s	
Push solid box to Bay1			Push solid box	任务结束	<无>	Actuator 2	更改	50mm	0.6s	
Retract Actuator 2			Push solid box to Bay1	任务结束	<无>	Actuator 2	更改	-50mm	0.1s	

图 11-14　定义任务 4

步骤 16　定义带孔盒子的任务　遵循步骤 11～步骤 15，定义类似的任务来移动带孔盒子至"Bay 2"中。为了将带孔盒子移至"Actuator 3"附近，需将"Actuator 1"伸长 130mm，持续时间为 1.2s，且延缓时间为 0.1s。然后在 0.7s 内缩回"Actuator 1"。

对"Actuator 3"使用相同的时间和距离数值，与在步骤 14 和 15 中用于"Actuator 2"的数值一样。使用与步骤 11～步骤 15 相似的名称为新的任务命名，如图 11-15 所示。

任务			触发器			操作				
名称	说明		触发器	条件	时间/延缓	特征	操作	数值	持续时间	轮廓
Push solid box			Sensor 1	提醒打开	0.1s 延缓	Actuator 1	更改	75mm	1s	
Retract Actuator 1			Push solid box	任务结束	<无>	Actuator 1	更改	-75mm	0.2s	
Push solid box to Bay1			Push solid box	任务结束	<无>	Actuator 2	更改	50mm	0.6s	
Retract Actuator 2			Push solid box to Bay1	任务结束	<无>	Actuator 2	更改	-50mm	0.1s	
Push hollow box			Sensor 2	提醒打开	0.1s 延缓	Actuator 1	更改	130mm	1.2s	
Retract Actuator 1 (alt)			Push hollow box	任务结束	<无>	Actuator 1	更改	-130m	0.7s	
Push hollow box to Bay2			Push hollow box	任务结束	<无>	Actuator 3	更改	50mm	0.6s	
Retract Actuator 3			Push hollow box to Bay2	任务结束	<无>	Actuator 3	更改	-50mm	0.1s	

图 11-15　定义其他任务

步骤 17　定义仿真属性　设置【每秒帧数】为 200，勾选【使用精确接触】复选框。在【高级选项】下，设置【最大积分器步长大小】为 0.05s。

> **提示**　为了加速仿真，且此处并不关心力的结果，最大积分器步长的值可以不作严格要求。

步骤 18　计算 7.5s 内的仿真　完成本次仿真将耗时大约 15min。

步骤 19　播放动画　动画显示系统最终的运动。

步骤 20　查看时间线视图　切换到【时间线视图】，用户可以看到基于事件的仿真结果，如图 11-16 所示。各个键码表示系统组件运动的开始、结束或变化。此视图还显示了整个周期的持续时间。此仿真结果可以帮助设计人员考虑是否需要改变驱动器的速度来优化系统，更改材料来改变摩擦效果，更改设计以更好地在托架中堆叠盒子，以及进行其他类似的操作。

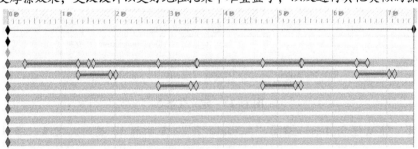

图 11-16　时间线视图

步骤 21　保存并关闭文件

练习　包装装配体

在本练习中，将创建和运行基于事件的包装装配体运动，如图 11-17 所示。

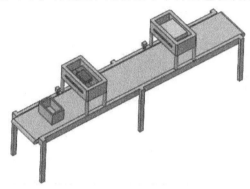

图 11-17　包装装配体

扫码看视频

本练习将应用以下技术：

● 基于事件的仿真。

对机构进行仿真，该机构会将物品放置到箱子中并在箱子上面添加箱盖。

操作步骤

　　步骤1　打开装配体文件　从"Lesson11\Exercises"文件夹中打开装配体文件"Pack-aging Assembly"。该装配体由框架、箱子、箱盖、物品和闸门滑块组成。

　　步骤2　添加引力　切换到【Motion Study 1】选项卡，确保算例类型设置为【Motion 分析】。

　　步骤3　添加马达　添加一个线性马达，使其以 100mm/s 的恒定速度驱动箱子，如图 11-18 所示。

　　步骤4　添加伺服马达　在"Slider1"的外表面上添加一个线性伺服马达，如图 11-19 所示。确保【伺服马达】的类型设置为【位移】。

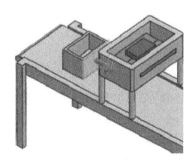

图 11-18　添加马达

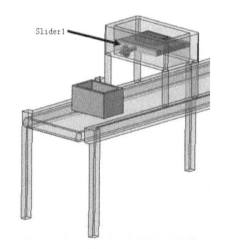

图 11-19　添加伺服马达

185

步骤5　将伺服马达添加到其余3个滑块上　将线性伺服马达分别添加到"Slider2" "Slider3"和"Slider4"的外表面上，如图11-20所示。确保【伺服马达】的类型设置为【位移】。

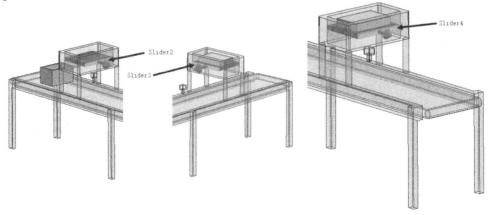

图 11-20　将伺服马达添加到其余3个滑块上

步骤6　在箱子和框架之间添加接触　在箱子和框架之间创建实体接触。两个实体的【材料】均选择【Acrylic】。确保勾选【摩擦】和【静态摩擦】复选框。

步骤7　在第一个闸门处添加实体接触　类似于步骤6，在"Slider1" "Slider2"物品和框架之间添加实体接触，如图11-21所示。

步骤8　在第二个闸门处添加实体接触　类似于步骤6，在"Slider3" "Slider4"箱盖和框架之间添加实体接触，如图11-22所示。

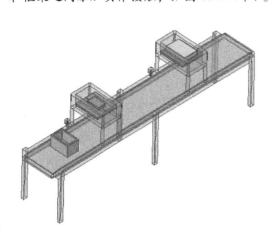

图 11-21　在第一个闸门处添加实体接触

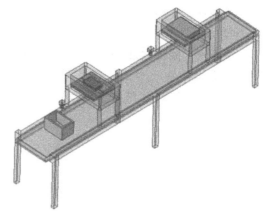

图 11-22　在第二个闸门处添加实体接触

步骤9　添加实体之间的接触　类似于步骤6，在"Box" "Object"和"Cover"之间添加实体接触，如图11-23所示。

步骤10　添加接近传感器　添加"Proximity Sensor 1"接近传感器以探测第一个闸门处的盒子，再添加"Proximity Sensor 2"接近传感器以探测第二个闸门处的盒子，如图11-24所示。将【接近传感器范围】指定为250mm。

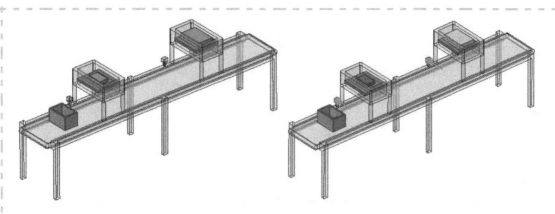

图 11-23　添加实体之间的接触　　　　　图 11-24　添加接近传感器

步骤 11　切换到【基于事件的运动视图】　将结束时间更改为 25s，然后切换到【基于事件的运动视图】。

步骤 12　创建任务"Task1"　创建任务"Task1"，在 1.5s 内将"Slider1"移动 150mm，该任务由接近传感器"Proximity Sensor 1"延缓 2.5s 后触发，如图 11-25 所示。

任务		触发器			操作				
名称	说明	触发器	条件	时间/延缓	特征	操作	数值	持续时间	轮廓
Task1		Proximity Sesnor 1	提醒打开	2.5s 延缓	线性马达2	更改	150mm	1.5s	

图 11-25　创建任务"Task1"

步骤 13　创建任务"Task2"　创建任务"Task2"，在 1.5s 内将"Slider2"移动 150mm，该任务由接近传感器"Proximity Sensor 1"延缓 2.5s 后触发，如图 11-26 所示。

任务		触发器			操作				
名称	说明	触发器	条件	时间/延缓	特征	操作	数值	持续时间	轮廓
Task1		Proximity Sesnor 1	提醒打开	2.5s 延缓	线性马达2	更改	150mm	1.5s	
Task2		Proximity Sesnor 1	提醒打开	2.5s 延缓	线性马达3	更改	150mm	1.5s	

图 11-26　创建任务"Task2"

步骤 14　创建任务"Task3"和"Task4"　创建任务"Task3"，在 1.5s 内将"Slider1"移动 -150mm，该任务由任务"Task1"延缓 0.5s 后触发。创建任务"Task4"，在 1.5s 内将"Slider2"移动 -150mm，该任务由任务"Task 2"延缓 0.5s 后触发，如图 11-27 所示。

任务		触发器			操作				
名称	说明	触发器	条件	时间/延缓	特征	操作	数值	持续时间	轮廓
Task1		Proximity Sesnor 1	提醒打开	2.5s 延缓	线性马达2	更改	150mm	1.5s	
Task2		Proximity Sesnor 1	提醒打开	2.5s 延缓	线性马达3	更改	150mm	1.5s	
Task3		Task1	任务结束	0.5s 延缓	线性马达2	更改	-150m	1.5s	
Task4		Task2	任务结束	0.5s 延缓	线性马达3	更改	-150m	1.5s	

图 11-27　创建任务"Task3"和"Task4"

步骤 15　创建其余任务　创建任务"Task5"和"Task6"以在 1.5s 内将"Slider3"和"Slider4"分别移动 150mm。这两个任务都由接近传感器"Proximity Sensor 2"延缓 2.3s 后触发。创建任务"Task7"和"Task8"以在 1.5s 内将"Slider3"和"Slider4"分别移动 -150mm。这两个任务分别由任务"Task5"和"Task6"延缓 0.5s 后触发。结果如图 11-28 所示。

任务		触发器			操作				
名称	说明	触发器	条件	时间/延缓	特征	操作	数值	持续时间	轮廓
Task1		Proximity Sesnor 1	提醒打开	2.5s 延缓	线性马达2	更改	150mm	1.5s	∕
Task2		Proximity Sesnor 1	提醒打开	2.5s 延缓	线性马达3	更改	150mm	1.5s	∕
Task3		Task1	任务结束	0.5s 延缓	线性马达2	更改	-150m	1.5s	∕
Task4		Task2	任务结束	0.5s 延缓	线性马达3	更改	-150m	1.5s	∕
Task5		Proximity Sesnor 2	提醒打开	2.3s 延缓	线性马达4	更改	150mm	1.5s	∕
Task6		Proximity Sesnor 2	提醒打开	2.3s 延缓	线性马达5	更改	150mm	1.5s	∕
Task7		Task5	任务结束	0.5s 延缓	线性马达4	更改	-150m	1.5s	∕
Task8		Task6	任务结束	0.5s 延缓	线性马达5	更改	-150m	1.5s	∕

图 11-28　创建其余的任务

步骤 16　设置运动算例属性　将【每秒帧数】设置为 50，并勾选【使用精确接触】复选框。在【高级选项】中，将【最大积分器步长大小】设置为 0.05s。

步骤 17　计算运动算例　单击【计算】🔲，结果如图 11-29 所示。

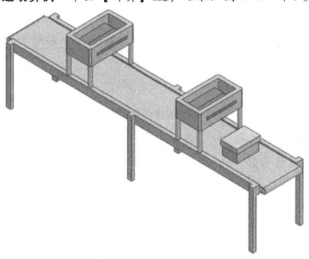

图 11-29　结果

步骤 18　保存并关闭文件

第 12 章　设计项目（选做）

学习目标
- 生成基于函数的力
- 输出载荷至 SOLIDWORKS Simulation
- 完成从运动到 FEA 的分析项目

12.1　设计项目概述

本章分为两个部分：第一部分将求解外科剪问题；第二部分将检查外科剪的设计并评估结果。实例也将分为两部分：第一部分基于运动算例确定零件上的载荷，这需要使用力函数来模拟导管被外科剪切割时的阻力；第二部分使用第一部分得到的载荷，进行手柄的 FEA 仿真。此实例的目的是确定外科剪手柄的设计是否合适。

12.2　实例：外科剪——第一部分

外科剪被用于切割动脉和导管，它由固定刀片和活动刀片组成，如图 12-1 所示。

由于外科剪需要由医疗行业中的许多人来使用，因此对足以产生所需切割力时的手柄力进行评估显得尤为重要。

在本章的这一部分中，将配合零部件，生成运动算例，并编写一个力函数来模拟刀片切割导管的过程。

12.2.1　问题描述

该机构包括 7 个零件。"fixed_cutter"是静止的，手柄"handle"的旋转导致"moving_cutter"运动。锁销"latch"插在"moving_cutter"内并沿"fixed_cutter"移动。当没有力施加在手柄上时，弹簧将"moving_cutter"保持在打开状态。可拆下的刀片"blade"连接在"fixed_cutter"和"moving_cutter"上，如图 12-2 所示。

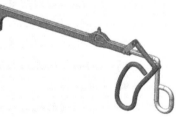

图 12-1　外科剪

当外科医生握紧手柄时，"handle"将旋转 12°并移动刀片。弹簧用于辅助将"blade2"收回到打开状态。假设外科医生用大约 1s 的时间来切割导管，试确定手柄零件"handle"的设计适用性。

12.2.2　切割导管的力

从实验的结果可以得出切割 $\phi 3mm$ 导管的力，图解显示如图 12-3 所示。X 轴显示了刀片从 Point 1（$X=0mm$）点开始移动的行程，此点为刀片接触导管的位置。首先随着导管被压缩，切割力缓慢增加，然后随着接近切割开始的点而迅速上升。

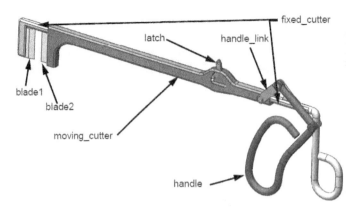

图 12-2　零部件分布

在 Point 2（$X = 1.5\text{mm}$）点处，刀片开始切割导管，力下降得很快，因为导管的切割部分开始恢复至圆形。

从 Point 3 到 Point 4，将切割剩余的厚度，Point 4 对应切割完成的点。

为了将图 12-3 所示曲线输入到 SOLIDWORKS Motion 中，每一段曲线都必须表示为导管位置的函数（切割刀片的位置）。在图 12-3 中，导管位置通过变量"x"来表达。假设数值从 0mm（切割刀片接触导管）变化至 3mm（切割刀片完成切割）。每段曲线都将使用线性的函数来表示。

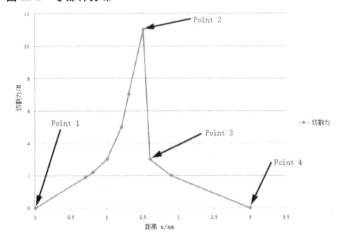

图 12-3　切割力图解

> **提示**　上面的切割力来自实验的测量值，是用刀片位置的函数（并非基于时间的函数）进行表示的。没有提供基于时间的数据，是因为一般情况下这取决于切割速度，以及外科医生的手产生的输入力随时间变化的方式。因为输入与时间相关的力较为容易（已经练习多次），而输入与位置相关的力则显得更加具有挑战性。
>
> 同时也需要注意，根据上述假设，与位置相关的函数也可以转换为与时间相关的输入。但为了演示更复杂的情况（在某些分析中可能需要），下面将使用位置驱动的输入。

此处将曲线简化为图 12-4 所示的 3 条线段，这已经可以足够合理地模拟切割力。

3 条线段的每一段都可以定义为一个线性方程式：

第一段：$y = 7.333333x$。

第二段：$y = -80x + 131$。

第三段：$y = -2.14286x + 6.42857$。

12.3　操作指导（一）

这一部分，将由读者自己求解该问题的运动部分。下面只列出简单的引导。

基本步骤如下：

1）添加配合：添加合适的配合，确保机构按照预期动作。

2）确定切割力：切割导管时作用在刀片上的作用力或反作用力由实验确定，并且也不是线性的。以实验数据为基础编写一个表达式来模拟作用在刀片上的力。

3）运行运动分析：运行此算例并生成适当的图解。

4）分析机构：执行干涉检查并检查载荷路径以确保在仿真过程中计算出正确的力。

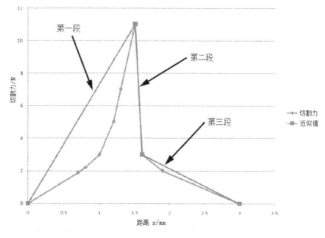

图 12-4　分段函数

 提示　　用户可以查看视频"Surgical_shear. avi"以帮助理解机构的运动。

操作步骤

步骤 1　打开装配体文件　打开文件夹"Lesson12 \ Case Study \ Surgical Shear"内的装配体文件"Surgical_shear"。当文件打开时，零部件间并没有添加配合。装配体的爆炸视图如图 12-5 所示。

步骤 2　配合零部件　由用户自己决定最佳方案来配合零部件，以反映机构的机械动作，并减少冗余。请注意该实例关注的重点是手柄。

步骤 3　添加运动驱动　添加合适的马达和弹簧，以达到期望的运动（见"问题描述"）。

步骤 4　生成基于位置的力　切割导管产生的作用力或反作用力不是线性的。必须编写一个基于刀片位置的力表达式，以模拟实验确定的力。

 扫码看视频　　　 扫码看视频

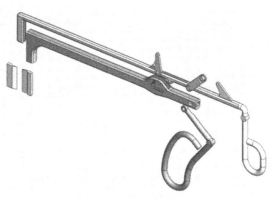

图 12-5　装配体的爆炸视图

步骤 5　分析结果　生成图解并检查干涉，在必要时可以修改零件。

12. 4　操作指导（二）

在这一部分，用户需要求解此问题的 FEA 部分。下面列出基本的操作过程：

1）输出载荷至 SOLIDWORKS Simulation：计算出载荷后，将其输出到 SOLIDWORKS Simulation 中以评估零件的适用性。

2）替换运动驱动：某些像马达之类的驱动件需要替换为力或力矩，以运行静态分析。

3）分析零件：使用 SOLIDWORKS Simulation 分析此零件，使用强度和挠度确定零件的适用性。

4）改善零件：如果分析后确定该零件不符合设计需求，在必要时可以修改零件并重新运行分析。

12.5　问题求解

操作步骤

步骤1　打开装配体文件　打开文件夹"Lesson12\Case Study\Surgical Shear"内的装配体文件"Surgical_shear"。

提示 配合的名称一般来说并不重要，但为了确保文本中描述的配合与模型一致，在下面的步骤中给出了特定的配合名称。如果用户以不同顺序添加了配合，只需要将配合重新命名以符合图片所示的内容即可。

步骤2　添加锁定配合　两个刀片刚性地连接在固定刀具和活动刀具上，因此锁定配合为合适的配合类型，如图 12-6 所示。

步骤3　添加重合配合　活动刀具沿着固定刀具的杆滑动，使用 2 个【重合】配合可以保证这种关系，如图 12-7 所示。

步骤4　添加连杆的配合　这里需要 3 个配合来连接连杆。可以使用【铰链】配合将手柄"handle"连接到固定刀具"fixed_cutter"上，使用另一个【铰链】配合将"handle_link"和"moving_cutter"连接在一起。

在"handle"和"handle_link"之间的配合应当是【同轴心】配合，用户最好选择面，以避免过定义配合，如图 12-8 所示。

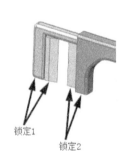
图 12-6　锁定配合

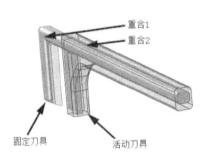
图 12-7　重合配合

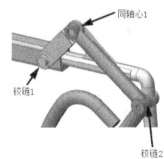
图 12-8　配合连杆

步骤5　添加闭锁机构的配合　闭锁机构需要两个不同的配合。使用【铰链】配合来控制相对于固定刀具"fixed_cutter"的旋转和位置，所选曲面如图 12-9 所示（活动刀具"moving_cutter"已经被隐藏）。

用户可以使用【凸轮】配合，将"latch"上的凸起配合到活动刀具"moving_cutter"的狭槽中，如图 12-10 所示。在此问题最初的解决方案中，不会使用凸轮配合，而是在运动算例中使用接触。

图 12-9　【铰链】配合

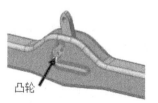
图 12-10　【凸轮】配合

192

步骤 6 设置初始位置 在生成运动算例之前，需要将活动刀片的初始位置设定为与固定刀片间距为 7.25mm 的位置，如图 12-11 所示。使用【只用于定位】的配合来设置此距离。其他所有部分都已定位完成，接下来还需要确保"latch"上的凸起接触到正确的曲面。在添加接触和弹簧后，这些条件将强制凸起接触曲面。然而这里要确保当运动算例开始时，凸起不必移动到曲面，因此生成一个在物理零件上不会出现的瞬时条件。

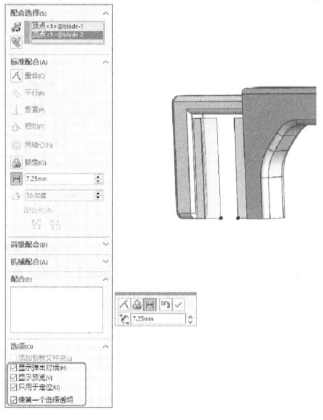

图 12-11 设置最初位置

临时将活动刀具"moving_cutter"设为【固定】，使用【相切】和【只用于定位】选项将"latch"上的凸起配合到狭槽的曲面上，如图 12-12 所示。然后再将"moving_cutter"设置为【浮动】。

步骤 7 新建运动算例

步骤 8 添加弹簧 添加一个线性弹簧用于连接"latch"和"fixed_cutter"。将【弹簧常数】设为 0.175N/mm，【自由长度】设为 40mm，如图 12-13 所示。

步骤 9 添加接触 在"latch"和"moving_cutter"之间添加【实体】接触，指定【材料】为【Steel(Dry)】，勾选【摩擦】复选框，包括动态和静态，单击【确定】✔。

步骤 10 添加旋转马达 当外科医生使用此外科剪时，握住手柄将其转动 12°再松开，此过程大约需要 1s。为了模拟这个操作，将添加一个【旋转马达】。马达参数应该设置为【振荡】、12°和 1Hz，保留【相移】为 0°，如图 12-14 所示。

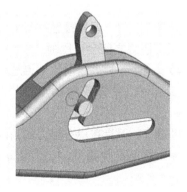

图 12-12 定义配合关系

193

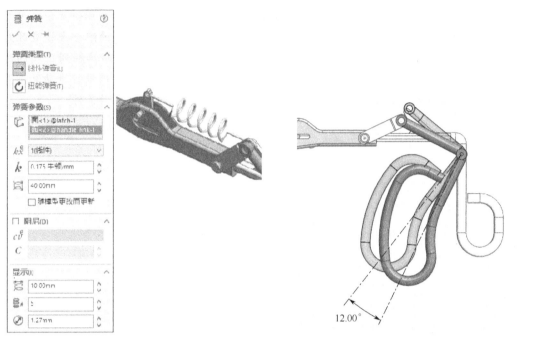

图 12-13 定义弹簧	图 12-14 添加马达

步骤 11 设置运动算例属性 设置属性的【每秒帧数】为 100，勾选【使用精确接触】复选框，确保没有勾选【以套管替换冗余配合】复选框。

步骤 12 运行仿真 运行此仿真 1s。

12.6 创建力函数

现在需要模拟生成一个切割导管时的作用力与反作用力。假设导管的直径为 $\phi3mm$，如图 12-15 所示。

必须根据物理条件来定义力。在生成表达式之前，应该先使用文字来描述这个运动：

步骤 1：当刀片刚开始移动时没有作用力，此时为空行程。

步骤 2：一旦刀片接触到导管，便会产生阻力，因为导管在被真正切割之前会被压缩。

步骤 3：导管被切断，力迅速降低。

步骤 4：导管被切断，刀片继续在没有阻力的情况下前行。

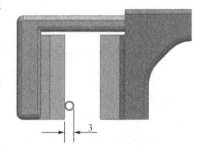

图 12-15 指定尺寸

步骤 5：刀片在没有阻力的情况下回到开始位置。

上面提到的步骤 1、4、5 很简单，因为力的数值为 0，真正的问题在于定义步骤 2 和步骤 3 的力。

12.6.1 创建切割导管的力

前面已经给出了实验数据，如图 12-3 和图 12-4 所示。

接下来将逐步创建完整的表达式，以了解其构建方式。

- 为刀片切割导管的位置生成一个变量（图 12-4 中的变量 x）。
- 图解显示第一段的力函数。
- 图解显示第一段和第二段的力函数。
- 图解显示第一段、第二段和第三段的力函数。
- 当切割刀片完全切断导管时（$x = 3\text{mm}$）终止力函数。
- 当切割刀片在反方向移动时，在切割过程的第二部分将力函数设置为 0。

步骤 13　确定刀片间隙　测量刀片之间的距离，其大小为 7.25mm，如果导管的尺寸为 $\phi 3\text{mm}$，则一开始就存在 4.25mm 的间隙。

步骤 14　生成刀片之间的位移图解　按图 12-16 所示的顺序选择两条边线。如果用户按照相反的顺序选择，则图解也将是相反的。因为力是刀片位置的函数，所以需要知道刀片的位置。通过生成图解，得到了一个用于表达式的变量，将图解中的"线性位移 1"重命名为"Linear Displacement1"，结果如图 12-17 所示。

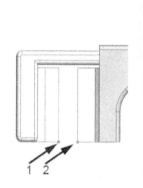

图 12-16　选择边线

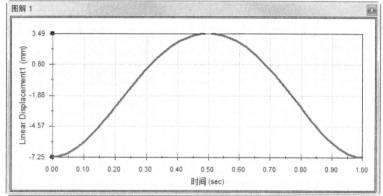

图 12-17　查看图解 1

> ⚠️ **注意**　这是第一个线性位移图解，因此取名为"Linear Displacement1"。同样地，将添加的力取名为"Force1"，之后生成的线性速度图解取名为"Linear Velocity1"。如果用户已经创建了其他图解或力，而且与在这些步骤中得到的图解名称是不同的，则必须重命名这些图解，或替换为合适的名称。

12.6.2　生成力的表达式

下一部分的目标是在两个刀片之间生成作用力与反作用力，以表现切割导管时所需的力，如图 12-18 所示。

在生成力的表达式时不会直接加载作用力到刀片上，而是将使用虚拟的力，并保证不会影响到运动分析的输出，接着将应用此力到"fixed_cutter"上。因为 SOLIDWORKS Motion 是一个刚体分析工具，任何施加到固定零件上的力都不会对运动分析产生影响。

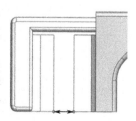

图 12-18　生成力

步骤15 添加力 这个力不会影响到结果，因为它作用在固定的零件上。将使用此力来构建作用力或反作用力的完整表达式，如图 12-19 所示。

将此力定义为一个函数，等于在前面图解中定义的 Linear Displacement1，如图 12-20 所示。

步骤16 运行仿真 运行该仿真 1s。

步骤17 生成图解 图解显示【反作用力】的【Y 分量】，当显示关于冗余约束的警告时，单击【否】。将"反作用力 1"重命名为"Reaction Force1"，结果如图 12-21 所示。现在这个力和活动刀片的位置便直接关联起来了。

图 12-19 添加力

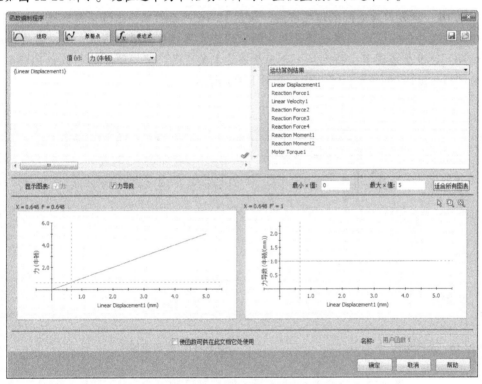

图 12-20 定义力函数

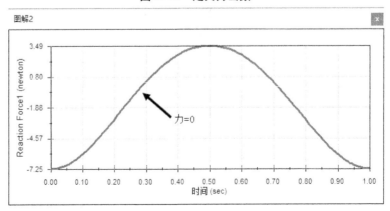

图 12-21 查看图解 2

步骤 18　修改力　上面力的初始值为 –7.25N，是因为在仿真开始时刀片分开的距离为 7.25mm。当刀片的距离为 0 时力的大小为 0。然而在仿真中，需要刀片相离 3mm 时的力为 0（刀片首先接触到导管时）。

将力的表达式改为"｛Linear Displacement1｝+3"。

步骤 19　重新运行仿真　现在，力的初始值为 –4.25N，因为这个距离取自刀片和导管之间的距离。在刀片和导管接触时的力现在为 0，如图 12-22 所示。

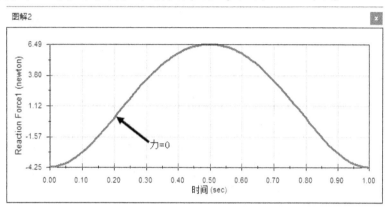

图 12-22　查看图解 3

> ⚠️ **注意**　因此最后的一个表达式"｛Linear Displacement1｝+3"定义了用于前面表达式中的 X 变量。

12.7　力的表达式

这里要生成的表达式如下：

IF(｛Linear Velocity1｝:IF(｛Linear Displacement1｝:IF(｛Linear Displacement1｝+3:0,0,7.333333 * (｛Linear Displacement1｝+3)) + IF(｛Linear Displacement1｝+1.5:0,0, –7.333333 * (｛Linear Displacement1｝+3) –80 * (｛Linear Displacement1｝+3) +131) + IF(｛Linear Displacement1｝+1.4:0,0, 80 * (｛Linear Displacement1｝+3) –131 –2.142868 * (｛Linear Displacement1｝+3) +6.42857),0,0), 0,0)

尽管此表达式看上去有些复杂，但这只是一组嵌套的 IF 语句而已。

12.7.1　IF 语句

IF 语句用于根据输入变量的正负来定义输出，形式如下：

IF(Input variable:A,B,C)

当数值"Input variable"为负时，输出数值"A"。

当数值"Input variable"为 0 时，输出数值"B"。

当数值"Input variable"为正时，输出数值"C"。

输入变量 A、B 和 C 可以都是固定值，也可以是表达式。

从上面的表达式可以看出，在所有 IF 语句中，只有两个不同的输入变量，即"Linear Velocity1"和"Linear Displacement1"。

12.7.2 创建表达式

首先要做的是定义刀片第一次接触导管的位置点。在这个点及之前的力必须为0。根据测量可知，当刀片开启时的间距为7.25mm，而且导管的直径为ϕ3mm。因此，当｛Linear Displacement1｝+3 =0 时将发生接触。在步骤18 中已经确定了这一点。

因此，第一部分力的表达式为：

IF（｛Linear Displacement1｝+3：0,0,7.333333 ＊（｛Linear Displacement1｝+3））

即当数值"｛Linear Displacement1｝+3"为负时，表达式等于0。

当数值"｛Linear Displacement1｝+3"为0 时，表达式等于0。

当数值"｛Linear Displacement1｝+3"为正时，表达式的值为"7.333333 ＊（｛Linear Displacement1｝+3）"，其中数值"7.333333"来自实验数据，即第一段曲线的斜率。

步骤20 输入表达式 编辑力，输入上面的表达式。对于输入变量"Linear Displacement1"，用户可以在表达式输入框下的列表中双击它来添加。

步骤21 运行仿真 检查力的图解，如图 12-23 所示。在距离从0 变化到5.75mm（图 12-3 中的"Point2"）的过程中图解是正确的。从该点开始，力的大小持续攀升，因此需要在 IF 语句中添加第二段的定义（见图 12-4）。

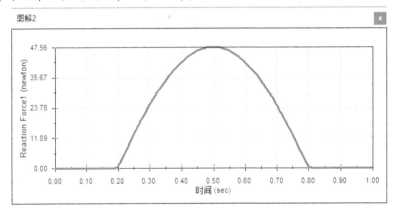

图 12-23 查看图解 4

当用户第一次看到这个图解时，可能感觉并不正确，因为使用了线性方程式"7.333333 ＊（｛Linear Displacement1｝+3）"。但是，线性方程式是基于位移的，而这个图解是基于时间的。因为刀片的运动不是线性的，所以该图解是正确的。

为了完成第二段，需要在表达式中添加更多内容，细节如下：

IF（｛Linear Displacement1｝+3：0,0,7.333333 ＊（｛Linear Displacement1｝+3））＋IF（｛Linear Displacement1｝+ 1.5：0,0,－7.333333 ＊（｛Linear Displacement1｝+3）－80 ＊（｛Linear Displacement1｝+3）+131）

如果用户检查上述表达式，会发现这是两个 IF 语句的组合，第一个 IF 语句为：

IF（｛Linear Displacement1｝+3：0,0,7.333333 ＊（｛Linear Displacement 1｝+3））

第二个 IF 语句为：

IF（｛Linear Displacement1｝+ 1.5：0,0,－7.333333 ＊（｛Linear Displacement1｝+3）－80 ＊（｛Linear Displacement1｝+3）+131）

也就是说，当"{Linear Displacement1} + 1.5"为负或为 0 时，表达式的值都将为 0。换句话说，在刀片位移在 5.75mm(Point 2)之前，表达式的这一部分都不起作用。

一旦结果为正，表达式的值将会是" - 7.333333 * ({Linear Displacement1} + 3) - 80 * ({Linear Displacement1} + 3) + 131"。

其中的第一部分是第一个表达式的负值，用以消除第一个表达式的作用；第二部分是力在第二段中的方程式：- 80 * ({Linear Displacement1} + 3) + 131。

步骤 22　输入表达式　编辑力，输入上述表达式。

步骤 23　运行仿真　检查力的图解，这里只关注框选的区域，如图 12-24 所示。

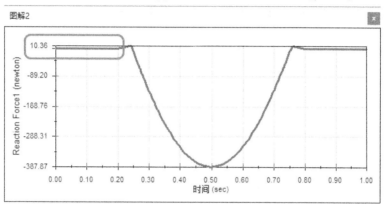

图 12-24　查看图解 5

编辑 Y 轴以显示 $-11 \sim 11N$ 的范围。这可以突出显示关注的区域，如图 12-25 所示。

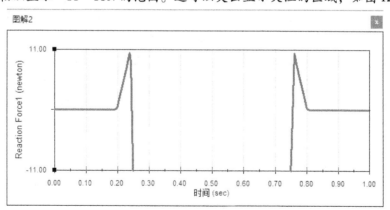

图 12-25　查看图解 6

在距离从 0 变化到 5.85mm(图 12-3 中的"Point 3")的过程中图解是正确的。从该点开始，需要以一个不同的速率减小力，这些是基于实验数据的第三段。因此，需要再一次添加 IF 语句以定义第三段。

为了完成第三段，需要在表达式中添加更多内容，细节如下：

IF({Linear Displacement1} + 3：0，0，7.333333 * ({Linear Displacement1} + 3)) + IF({Linear Displacement1} + 1.5：0，0， - 7.333333 * ({Linear Displacement1} + 3) - 80 * ({Linear Displacement1} + 3) + 131) + IF({Linear Displacement1} + 1.4：0，0，80 * ({Linear Displacement1}

$+3) -131 -2.142868 * (\{\text{Linear Displacement1}\} +3) +6.42857)$

同样，表达式的第一部分是已经完成的内容，新的语句为：

$\text{IF}(\{\text{Linear Displacement1}\} +1.4:0,0,80 * (\{\text{Linear Displacement1}\} +3) -131 -2.142868 * (\{\text{Linear Displacement1}\} +3) +6.42857)$

其中的第一部分"$\text{IF}(\{\text{Linear Displacement1}\} +1.4:0,0,80 * (\{\text{Linear Displacement1}\} +3) -131)$"同样只是前面表达式的负值，以将其抵消，余下的部分"$2.142868 * (\{\text{Linear Displacement1}\} +3) +6.42857$"定义了第三段的曲线。

步骤 24　输入表达式　编辑力，输入上述表达式。

步骤 25　运行仿真　检查力的图解，如图 12-26 所示。

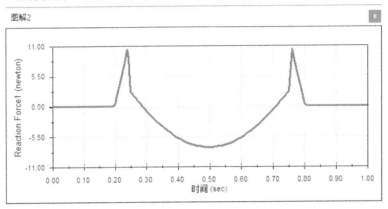

图 12-26　查看图解 7

在刀片从 0 位置到完成切除之前（Point 4）该图解是正确的。现在需要添加另外一个 IF 语句，从这一点开始直到刀片移动约束为止，使力的大小为 0。

将之前完成的表达式称之为"Force1"。这里需要完成的 IF 语句如下：

$\text{IF}(\{\text{Linear Displacement1}\}:\text{Force 1},0,0)$

当"Linear Displacement 1"为负时（刀片还未接触在一起），使用整个力的值为"Force1"。如果为 0（完成切除）或正（刀片重叠交错），则力的大小将变为 0。

整个表达式显示如下：

$\text{IF}(\{\text{Linear Displacement1}\}:\text{IF}(\{\text{Linear Displacement1}\} +3:0,0,7.333333 * (\{\text{Linear Displacement1}\} +3)) + \text{IF}(\{\text{Linear Displacement1}\} +1.5:0,0,-7.333333 * (\{\text{Linear Displacement1}\} +3) -80 * (\{\text{Linear Displacement1}\} +3) +131) + \text{IF}(\{\text{Linear Displacement1}\} +1.4:0,0,80 * (\{\text{Linear Displacement1}\} +3) -131 -2.142868 * (\{\text{Linear Displacement1}\} +3) +6.42857),0,0)$

将此表达式称之为"Force2"。

步骤 26　输入表达式　编辑力，输入上述表达式。

步骤 27　运行仿真

步骤 28　编辑图解　将 Y 轴改为自动比例，如图 12-27 所示。

对于刀片的前进过程，目前的图解是正确的，但是刀片在缩回时力应该为 0。

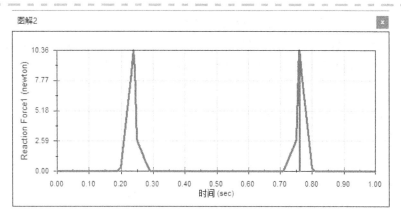

图 12-27　查看图解 8

为了解决这个问题，需要基于刀片的速度再添加另外一个 IF 语句。当刀片速度为负时，该语句将仅使用之前定义的力函数(Force2)。这对应外科医生挤压手柄合拢刀片时的运动部分。当外科医生松开手柄时，弹簧将拉动刀片至打开位置，刀片的速度将为正值。

步骤29　新建图解　对图 12-28 所示的刀片顶点生成一个图解显示其【线性速度】的【X 分量】。这里只是想在速度为负时力等于"力的表达式"。一旦速度为 0 或正时，力应该等于 0。将"线性速度 1"重命名为"Linear Velocity1"如图 12-29 所示。

新的 IF 语句为：IF({Linear Velocity1} : Force2,0,0)

在上面的表达式中，"Force2"用于代表整个力的表达式，而这个表达式已经定义完毕。可以看到，在表达式中只有当速度为负值时才会为"Force2"。当刀片停止移动并复位时，力的大小将为 0。

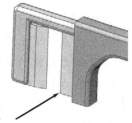

图 12-28　定义图解

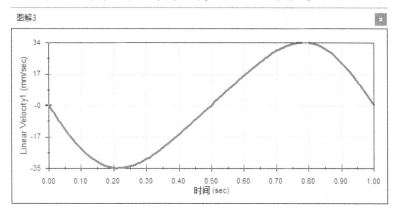

图 12-29　查看图解 9

如果将"Force2"插入前面的表达式，将会得到：

IF({Linear Velocity1} : IF({Linear Displacement1} : IF({Linear Displacement1} + 3 : 0,0, 7.333333 * ({Linear Displacement1} + 3)) + IF({Linear Displacement1} + 1.5 : 0,0, - 7.333333 * ({Linear Displacement1} + 3) - 80 * ({Linear Displacement1} + 3) + 131) + IF ({Linear Displacement1} + 1.4 : 0,0,80 * ({Linear Displacement1} + 3) - 131 - 2.142868 * ({Linear Displacement1} + 3) + 6.42857) ,0,0) ,0,0)

步骤30　输入表达式　编辑力，输入上述表达式。

步骤31　运行仿真　检查力的图解，如图 12-30 所示。对刀片的整个运动而言，现在的图解是正确的。目前运动的形状和实验的数据输入完全一致。

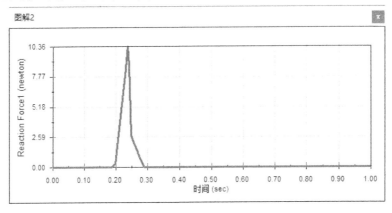

图 12-30　查看图解 10

步骤32　编辑力　现在已经正确定义了力的表达式，下面需要将其应用到刀片中作为作用力与反作用力。将力的类型从【只有作用力】更改为【作用力与反作用力】。选择图 12-31 所示的两个刀片顶点，单击【确定】✔。

步骤33　修改图解　编辑力的图解并更改它以显示【X 分量】。初始力的方向为 Y 向，然而两个刀片之间的方向为 X 向。

确保力的大小为正。如果为负，则切换定义作用力与反作用力(步骤32)时顶点的顺序。

步骤34　运行仿真

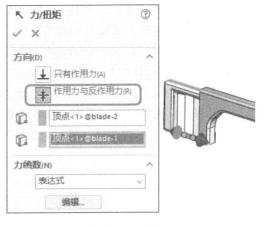

图 12-31　编辑力

12.8　实例：外科剪——第二部分

本示例的第二部分将检查外科剪手柄的设计，如图 12-32 所示。目前已经运行了运动分析来确定其载荷。

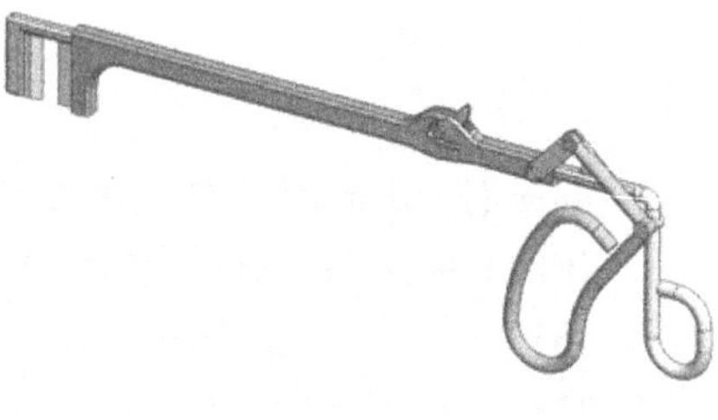

12.8.1　问题描述

根据运动分析中发现的最大载荷，确定手柄零件的应力，进而评估手柄零件的适用性。

12.8.2　关键步骤

基本步骤如下：

1）评估冗余：在运动算例中存在几个冗余，必须评估每个冗余在 FEA 问题中对载荷的影响。

2）干涉检查：必须检查装配体以确保零件只在设计条件下相互接触，并且不存在阻止装配

图 12-32　手柄

体正常工作的接触。

3）输出载荷：将载荷从 SOLIDWORKS Motion 输出到 SOLIDWORKS Simulation 中。

4）评估输入的载荷：对仿真而言运动载荷可能并不正确，必须评估每个载荷来保证对 FEA 的处理过程是正确的。

5）将输入载荷替换为本地载荷：对于 FEA 不合适的载荷，必须使用合适的载荷或夹具进行替换。

6）运行仿真。

7）评估结果：需要评估所有结果，以确保零件正常工作而不会出现故障。

操作步骤

步骤 1　查看冗余　在求解运动仿真时会得到几个关于冗余的警告。右键单击本地的 "MateGroup1"，选择【自由度】，发现一共有 3 个冗余，如图 12-33 所示。

"重合 1" 移除了 1 个转动，因为不需要关注这个配合中的力，所以这样的操作没有问题。它连接了手柄以外的零部件。

"同心 1" 移除了 2 个转动。由于这个配合连接手柄和其相连的零件，因此必须仔细检查。

注意，用户去除自由度的列表可能会略有不同，但这不会影响在此步骤中得出的有关于冗余效应的结论。

步骤 2　检查机械连接　作用线将贯穿每个零件的中心。由于这种连接并不对称，所以不允许这两个面直接作用在彼此之上（在同一作用线上）。因此这里存在小的偏移，从而产生力矩，如图 12-34 所示。

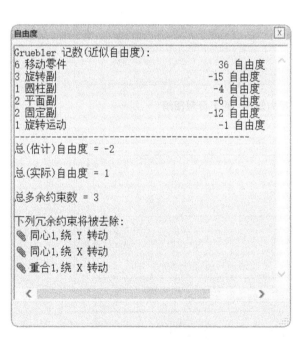

图 12-33　自由度结果

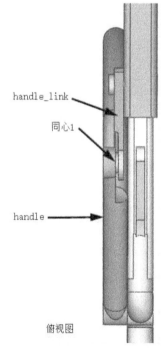

图 12-34　结构连接

在物理模型中，两个铰链配合和同轴心配合都将具有一定的刚度，从而在 3 个连接中重新分配力矩。

由于这些力矩非常小，所以可以忽略。这里假设两个铰链（在"handle""handle_link"和"fixed_cutter"之间）中的销非常坚硬，承担了扭转时的载荷。

步骤 3 生成图解 对"handle"和"fixed_cutter"之间的铰链配合（铰链 2）中的反力矩生成一个图解，逐次显示 X、Y 和 Z 分量，如图 12-35 ~ 图 12-37 所示。

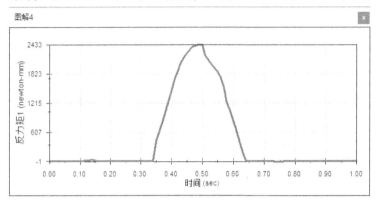

图 12-35 "反力矩 1"的 X 分量图解

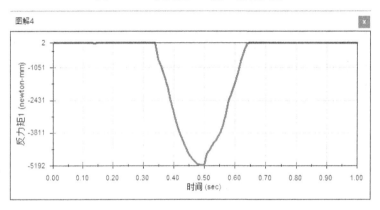

图 12-36 "反力矩 1"的 Y 分量图解

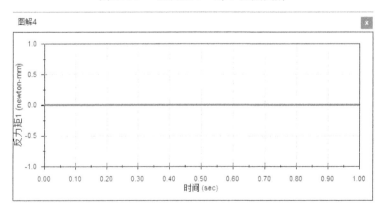

图 12-37 "反力矩 1"的 Z 分量图解

最后的力矩 Z 分量为 0，因为它处于轴向。X 和 Y 向的力矩不为 0，并且包含有意义的数值。同时应注意当产生最大切割力时（0.25s）并没有出现最大力矩，而是在大约 0.50s 时才出现。

步骤4　检查干涉　在输出载荷之前，需要了解大力矩产生的原因。

在"latch"和"moving_cutter"之间检查干涉。在 Motion Study 树中右键单击装配体图标，选择【检查干涉】。在 1～127 帧的范围内检查，并设定【增量】为 1，如图 12-38 所示。

步骤5　检查结果　大多数干涉都非常小（体积小于 0.01mm^3），这是由于接触部位细微的穿透造成的。为了确定干涉，需要在表格中选择一个干涉并单击【放大所选范围】，如图 12-39 所示。

图 12-38　查找干涉　　　　　　　　　　图 12-39　放大

如果继续检查这个干涉列表，会发现一些小的干涉（体积约为几立方毫米）。放大其中一个较大干涉体，可以看到在某一时刻，"latch"穿透了"moving_cutter"，如图 12-40 所示。为了修正此问题，必须加大活动刀具上开口的尺寸。

步骤6　修改零件　在单独的窗口中打开"moving_cutter"，编辑"Cut-Extrude2"中的"Sketch3"，更改尺寸，将槽口的尺寸增加 3mm，如图 12-41 所示。

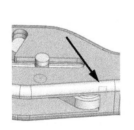

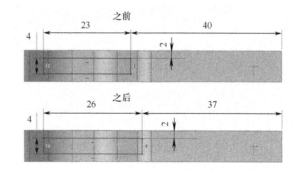

图 12-40　检查结果　　　　　　　　　　图 12-41　修改零件

步骤7　重新检查干涉　返回到装配体并重新检查干涉，现在只剩下小的接触干涉。

步骤8　重新运行仿真　图解显示连接"handle"和"fixed_cutter"的铰链的力和力矩。

步骤9　定位最大力和力矩　对铰链生成 X 和 Y 两个分量的力和力矩的图解。在大约 0.14s 时产生了很大的力和力矩。这与最大切割力发生的时间点并不一致，该时间点为 0.24s（已在图 12-42 中以箭头指出）。用户可以显示切割力图解以验证该位置。

步骤10　检查"latch"　如果在仿真过程中检查"latch"，会看到当锁中的销沿着槽孔路径移动时，将产生最大的力和力矩。当第一次握紧手柄时存在力的跳跃，这是因为需要克服静摩擦力的缘故。当弹簧快速展开时，弹簧将阻止"moving_cutter"向前移动。当销抵达槽孔路径的转折点时，力开始垂直于路径并由接触控制，在销抵达槽孔路径的水平部分之前，力将持续上升，如图 12-43 所示。

205

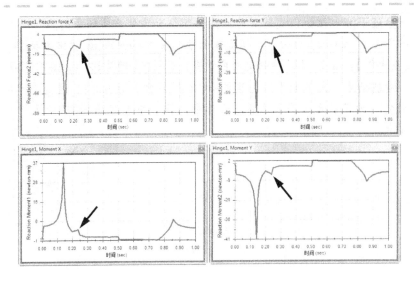

图 12-42   查看铰链的力和力矩图解结果

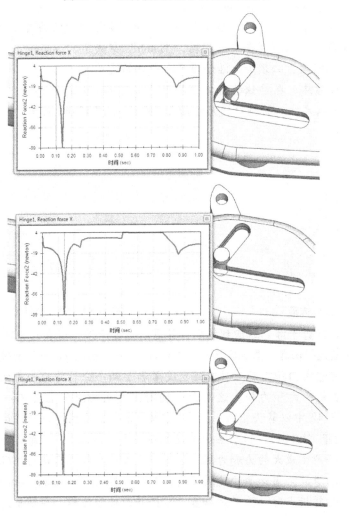

图 12-43   分析图解

用户可以看到，最大的力不是由切割导管引起的，而是由用于缩回机构的弹簧引起的。

步骤 11　生成马达力矩图解　在运动仿真中使用了旋转马达来移动机构。在进行应力分析时，需要用力来替换马达，以体现外科医生作用在手柄上的力。为了计算该力，需要知道马达产生的最大力矩。

对旋转马达生成一个【Z 分量】的【马达力矩】图解。注意到峰值力矩为 5233N·mm，如图 12-44 所示。

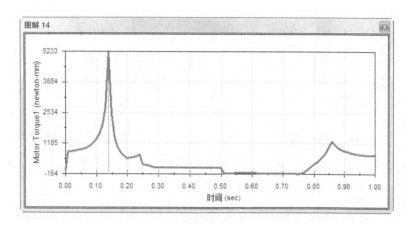

图 12-44　查看马达力矩的 Z 分量图解

步骤 12　输出到 FEA　在菜单中选择【Simulation】/【输入运动载荷】，对"handle"输出当力达到峰值时对应帧的载荷，如图 12-45 所示。

> 提示　在输入运动载荷之前，必须保存运动仿真结果。

步骤 13　打开零件"handle"　在单独的窗口中打开零件"handle"。

步骤 14　检查载荷　从 SOLIDWORKS Motion 中输入的载荷应该为引力、离心力载荷和两个远程载荷，如图 12-46 所示。

自来"handle_link"的远程载荷没有问题，然而来自旋转马达的载荷是不对的。在使用外科剪的时候，外科医生握紧手柄将直接对手柄的表面施加力。因此，必须移除马达，并使用一个力来替代。

步骤 15　添加载荷力　对图 12-47 所示的边线施加力。测量这条边线与枢轴孔之间的距离，大约为 50mm。

根据前面测量的力矩来计算所需加载的力。即 5233N·mm/50mm = 104.66N。

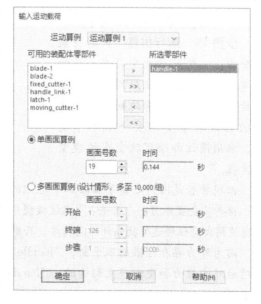

图 12-45　输入运动载荷

207

图 12-46　检查载荷

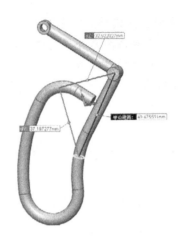

图 12-47　添加载荷力

对 "handle" 的边线施加一个大小为 104.66N 的力，方向垂直于 "Plane 5"。如有必要则反转方向，以确保 "handle" 正确旋转。

提示　用户得到的力矩值可能略有不同。在本实例中，应更新加载力的数值。

步骤 16　约束模型　在枢轴点压缩远程载荷，使用【固定铰链】夹具进行替换，如图 12-48 所示。

步骤 17　添加材料　添加材料【合金钢】。

步骤 18　划分网格　使用高品质的网格划分该模型，采用默认设置，并使用【基于曲率的网格】。

步骤 19　运行仿真　此时将显示警告："在 Y-方向中存在大量的外部不平衡力，将在应用相反惯性力后被平衡。除非您的模型承受这样的力或者多少承受一点不平衡力，应用惯性卸除可改变您的模型的特性。"

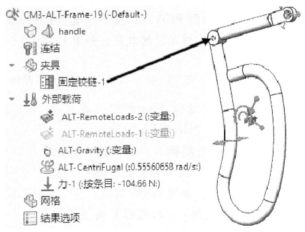

图 12-48　约束模型

出现警告是因为之前手工添加了近似的力，单击【是】。

接着又会显示另一个警告："在该模型中计算了过度位移。如果您的系统已妥当约束，可考虑使用大型位移选项提高计算的精度。否则，继续使用当前设定并审阅这些位移的原因"。

因为外力存在轻微的不平衡，"handle" 将要绕铰链支承转动。不可避免的结果是不会对最终的应力和变形产生影响的。"handle" 将作为一个刚体转动。单击【否】以继续线性求解。

步骤20　检查结果　最大应力大约为95MPa，如图 12-49 所示。

考虑到材料的屈服强度为620MPa，"handle"所承受的应力是可以接受的。

步骤21　生成安全系数图解　图解显示安全系数大约为 6.55，因此该设计是可以接受的，如图 12-50 所示。

提示　安全系数图解中将上限设定为100。

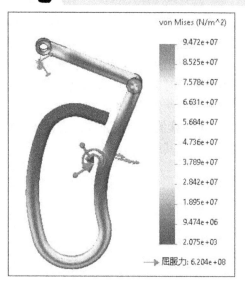

图 12-49　应力结果

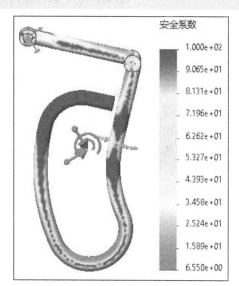

图 12-50　安全系数图解

步骤22　保存并关闭文件

附　　录

附录 A　运动算例收敛解及高级选项

1. 收敛　带有多个冗余或问题的复杂装配体在进行数值处理时会遇到许多困难(例如在第4章中得到的失稳点、快速更改运动或高速冲击等)，可能导致解算器无法收敛，求解在获得结果前可能会终止。数值模拟中收敛问题是不可避免的，这就需要运用许多专业知识来解决。对于一个复杂装配体，用户往往会关注带来的困难，但却很难预测何时会发生收敛问题。下面将讲解一些解决以上问题的基本要素。这里会引入一些在常规讲解中未使用的高级软件特征。

当 SOLIDWORKS Motion 的解算器遇到收敛问题时，运动算例将会终止并出现图 A-1 所示窗口。其中包含几条收敛问题的可能原因，在接下来的环节将对其进行讨论。

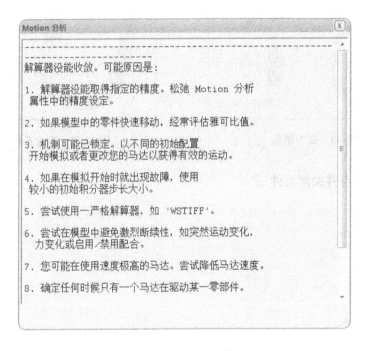

图 A-1　【Motion 分析】窗口

2. 精度　SOLIDWORKS Motion 模型中使用了一组耦合的微分代数方程(DAE)来定义运动方程。通过使用积分器(即解算器)来求解这些方程便可以得到运动方程的解。积分器分两个阶段获得解：首先它会基于过去的记录预测下一个时间步长的结果，然后再依靠该时刻的实际数据修正该结果，直到结果达到指定的精度标准。

精度设置用于控制结果要达到什么样的精度。在精度和性能之间需要进行权衡。如果精度设置得过高，则积分器将花费很长时间计算结果。反之，如果精度设置得过低，则结果可能不太精确。

【精确度】默认值"0.0001"符合大多数情况，如果系统突然发生变化，则可能需要修改此值，如图 A-2 所示。在这种情况下，预测器提供给校正器一个错误的初始猜测，从而会产生较大的误差或导致失败。在模拟过程中发生突然的不连续变化时，可能需要减小该数值。例如突然改变力或马达的大小，在语句(IF、MIN、MAX、SIGN、MOD 和 DIM)中使用不可微分的内置函数、摩擦等。

在图 A-2 所示的运动算例属性中单击【高级选项】，将弹出图 A-3 所示的【高级 Motion 分析选项】对话框。

图 A-2　运动算例属性　　　　　图 A-3　【高级 Motion 分析选项】对话框

3. 积分器类型　积分器类型的详细介绍请参考"4.6　积分器"。

4. 积分器设置　每种积分器都对应着几个设置，可以控制步长的大小及积分步数。

（1）**最大迭代**　最大迭代参数控制 SOLIDWORKS Motion 积分器迭代的最大次数，以用于收敛得到解。默认的 25 次迭代是适合大多数问题的。不建议大幅度提高这一参数，因为该参数一般不是导致求解失败的原因。

（2）**初始积分器步长大小**　初始积分器步长大小控制第一个求解实例中的步长值。如果用户的仿真在求解初始阶段遇到麻烦，应考虑减小这一数值。通常情况下，此参数无需修改。

（3）**最小积分器步长大小**　在积分过程中如果仿真误差太大，积分器将减小时间步长并尝试再次求解，直到满足所需的精度。积分器不会将步长减小至小于积分器步长规定的最小值。默认大小对于大多数仿真而言是可接受的，无需进行修改。

（4）**最大积分器步长大小**　最大积分器步长大小控制在求解过程中积分器可能采用的最大时间步长的数值。提高最大积分器步长可以加速求解，减少求解模型所需的时间。但是如果此数值过大，积分器有可能采用过大的一步，从而进入无法恢复的区间，最终导致收敛失败。减小此数值对结果的精度没有影响。当使用 GSTIFF 积分器时，对于更大的积分时间步长的数值，速度和加速度可能不连续。用户可以通过减小最大积分器步长来降低误差。如果用户知道运动很平稳且没有突然改变，则可以提高此数值以加速求解。当遇到收敛问题时，修改此数值可能会有所帮助。

如果力或运动在短时间内发生了突变，用户可能需要减小最大积分器步长，以确保积分器不会出错。如果在实体和薄板之间存在接触，并且积分器无法识别这个接触，用户可能需要减小此数值。例如，用户将球放在薄板上弹跳则可能会发生这种情况。这完全依赖于用户的模型参数，因为在没有检测到球体和薄板之间的接触时，球体有可能穿过薄板。在这种情况下，应减小最大积分器步长以迫使积分器采用更小的步长，进而不会错过发生在两个实体之间的接触。

减小这个数值会降低积分器的速度，但不会影响结果的精度。

（5）雅可比验算　雅可比矩阵是一个偏微分矩阵，在 Newton-Raphson 迭代过程中，用于求解初始非线性运动方程的线性近似值。用户可能发现，将这个矩阵与有限元分析中的刚度矩阵进行类比是有帮助的。默认的设置是最精确的，同时也是最耗时的，即雅可比矩阵在每次迭代时都要验算。减小验算数值将加快求解速度，但这只有在装配体的运动改变很小时才可使用。这个参数对精度没有影响，但设置得过低可能会导致积分器求解失败。

5. 结论　当遇到收敛问题时，最需要调整的参数是精度、最大积分器步长大小以及接触分辨率。如果更改上面的任何一个参数对收敛都没有帮助的话，请确保用户的输入是平顺且可微分的，尤其是带数学函数的表达式。使用 STEP 函数比使用 IF 语句更好。

有时冗余约束可能会导致积分器求解失败，这种失败最可能的原因是不一致的定义或有缺陷的模型。在这种情况下，请尝试移除装配体中的冗余或配合关系。

附录 B　配 合 摩 擦

摩擦力是在接触的零件和配合之间产生的力。当零件接触时，将根据静态和动态摩擦系数以及作用在零件上的法向力来计算摩擦力。配合尺寸会影响摩擦力的大小，因此配合摩擦情况更加复杂。

1699 年，Amontons 重新发现 Leonardo da Vinci 的两条摩擦定律：摩擦力与法向力成正比，与物体的尺寸无关（Bowden 及 Tabor,1950,1974）。3 个世纪以来，工程人员在处理相关问题时都依据 Amontons 的摩擦定律。与流行的观念相反，在配合摩擦中，物体的尺寸大小的确会影响摩擦力的大小。

配合摩擦是零部件相互运动时表面间的滑动阻力，它是由于表面接触和作用在连接处的载荷产生的。对于连接销，配合摩擦是限制销钉相对于孔旋转的附加力矩。配合摩擦不过是物体间的标准摩擦，在分析纯摩擦力作用时应考虑零部件的几何学形状等因素。

例如，请想象一个带小倾角且位于孔内的销钉。在图 B-1 中，销钉在向心力作用下被约束在销孔中，这等价于理论上的支撑载荷。来回滑动销钉的力仅取决于垂直载荷。转动销钉的力矩不仅取决于此力，而且还与销钉的半径有关，如图 B-2 所示。在本例中，销钉的半径对摩擦力的大小没有影响，但是对旋转销钉需克服的摩擦力矩（$\mu r F$）有影响。

现在，考虑销钉上作用一个附加力矩的情况。附加力矩使销钉旋转，使销孔外缘（w）支撑受力。此力矩起一对力偶（M/w）的作用。在两端之间平分轴承载荷（F），得到的局部作用力为（$F/2 + M/w$）。摩擦力可以叠加，因此通过累加这些力偶得到基于摩擦力的合力（$F + 2M/w$）。

由此延伸，导出旋转销钉所必需的扭矩为 $\mu r (F + 2M/w)$，如图 B-2 所示。

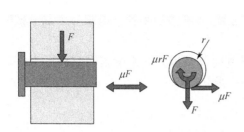

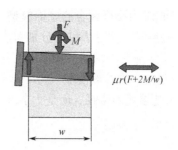

图 B-1　销钉模型　　　　　　　　　　　　　　　　图 B-2　带力矩的销钉模型

配合摩擦中一个重要的因素是配合弯矩的影响。如果支撑销钉的孔不厚（以 w 表示），力矩的成分就很重要。如果支撑销钉的孔很厚，力矩的成分就会趋向于 0。

同轴心配合、重合配合以及其他多种 SOLIDWORKS 的配合都支持摩擦力的应用。摩擦力作用于这些配合时，会产生一个与配合运动相反的力，该力是作用在配合上的反作用力的函数。

知识卡片	配合摩擦	● SOLIDWORKS 配合 PropertyManager：【分析】选项卡的【摩擦】对话框。

（1）同轴心（球面）配合的摩擦模型　为了计算摩擦效果，将同轴心（球面）配合模拟为球在槽座中的旋转。球面的一部分与槽座是接触在一起的。d 是球的直径，如图 B-3 所示。

（2）重合（平移）配合的摩擦模型　为了计算摩擦效果，将重合（平移）配合模拟为矩形杆件在矩形套筒中的滑动。h 是矩形杆件的高度，w 是矩形杆件的宽度，l 是与套筒接触的杆件长度，如图 B-4 所示。

（3）同轴心配合的摩擦模型　为了计算摩擦效果，将同轴心配合模拟为紧密配合的销钉在孔中的旋转和滑动。r 是销钉的半径，l 是与孔接触的销钉长度。同轴心配合的摩擦模型只能由面激活，而不允许有边线，如图 B-5 所示。

图 B-3　同轴心（球面）配合　　　　图 B-4　重合（平移）配合　　　　图 B-5　同轴心配合

（4）重合（平面）配合的摩擦模型　为了计算摩擦效果，将该配合模拟为一个滑块在一个平板的滑动和旋转。尺寸 l 和 w 分别对应滑块的长度和宽度。r 是圆的半径，该圆与接触平板的滑块表面的外接圆圆心相同，如图 B-6 所示。

（5）万向节的摩擦模型　为了计算摩擦效果，将万向节模拟为一组端盖在圆柱形十字块上的转动。r 是端盖的半径，w 是十字块的高度，如图 B-7 所示。

图 B-6　重合（平面）配合

图 B-7　万向节配合

（6）配合摩擦的结果见表 B-1。

表 B-1　配合摩擦的结果

配合类型	摩擦力	摩擦力矩	配合类型	摩擦力	摩擦力矩
同轴心（两个面）	有	有	重合（平移）	有	没有
同轴心（两个球面）	没有	有	重合（平面）	有	有
万向节	没有	有			